Eberhard Seefried

Elektrische Maschinen und Antriebstechnik

D1678500

Eberhard Seefried

Elektrische Maschinen und Antriebstechnik

Grundlagen und Betriebsverhalten

Mit 196 Abbildungen und 10 Tabellen

Herausgegeben von Otto Mildenberger

vieweg

Die Deutsche Bibliothek – CIP-Einheitsaufnahme
Ein Titeldatensatz für diese Publikation ist bei
Der Deutschen Bibliothek erhältlich.

1. Auflage Juli 2001

Herausgeber: Prof. Dr.-Ing. Otto Mildenberger lehrt an der Fachhochschule Wiesbaden
in den Fachbereichen Elektrotechnik und Informatik.

Der Verlag Vieweg ist ein Unternehmen der Fachverlagsgruppe BertelsmannSpringer.
www.vieweg.de
vieweg@bertelsmann.de

Gedruckt auf säurefreiem und chlorfrei gebleichtem Papier

Konzeption und Layout des Umschlags: Ulrike Weigel, www.CorporateDesignGroup.de
Druck und buchbinderische Verarbeitung: Lengericher Handelsdruckerei, Lengerich
Printed in Germany

ISBN 3-528-03913-2

Vorwort

Elektrische Antriebe finden sich in sehr vielen Bereichen unseres Lebens überall dort, wo etwas bewegt werden muss. Neben dem Einsatz zur Verwirklichung industrieller Prozesse finden sie zunehmende Anwendung auch in unserer unmittelbaren öffentlichen wie privaten Umgebung nicht zuletzt wegen der enormen Fortschritte auf dem Gebiet der Informationstechnik, die eine weitreichende Automatisierung von Geräten, Einrichtungen und Anlagen ermöglichen.

Das vorliegende Buch befasst sich vor allem mit der „klassischen" Antriebstechnik. Fragen der Regelung und Automatisierung sind bewusst ausgeklammert worden, um den Umfang zu begrenzen. Das Buch verfolgt das Ziel, die Möglichkeiten und Verfahren der modernen elektrischen Antriebstechnik darzustellen, so dass der Leser befähigt wird, die einzelnen Verfahren beurteilen und bei der Bearbeitung von Antriebsaufgaben die zweckmäßigste Lösung auswählen zu können. Darüber hinaus soll der Leser auch mit der Terminologie des Fachgebietes vertraut gemacht werden. Dadurch wird er in die Lage versetzt, in einem Team von Fachleuten bei der Lösung von Antriebsproblemen ein kompetenter Diskussionspartner zu sein und einfache Projektierungsaufgaben selbständig lösen zu können. Das Buch entstand auf der Grundlage von Vorlesungen über elektrische Antriebe, die der Verfasser für Studenten von Studiengängen, die Elektrotechnik als Nebenfach hören, an der Technischen Universität Dresden und für Studenten des Studienganges Elektrotechnik an der Hochschule für Technik und Wirtschaft Dresden (FH) gehalten hat. Diese Vorlesungen wurden durch zusätzliche Rechen- und Projektierungsübungen ergänzt.

Bei der Vermittlung des Stoffes wird vorausgesetzt, dass der Leser über Grundkenntnisse der Mathematik, Elektrotechnik und Mechanik verfügt. Die wesentlichen Eigenschaften elektrischer Maschinen werden unter dem Aspekt der elektrischen Antriebstechnik nochmals zusammenfassend dargestellt. Da das Fachgebiet außerordentlich umfangreich ist, musste eine Stoffauswahl getroffen werden, wodurch eine Vollständigkeit der Darstellung von vornherein ausgeschlossen ist. Falls die Notwendigkeit entstehen sollte, sich mit dem einen oder anderen Gebiet tiefgründiger zu befassen, wird auf die angegebene Literatur verwiesen.

Zur Erleichterung und Kontrolle der Stoffaneignung sind in lockerer Folge Kontrollfragen und Übungsaufgaben eingefügt, die auf jeden Fall selbständig gelöst werden sollten. Die Lösungen der Kontrollfragen findet der Leser in jedem Fall in den vorangestellten Abschnitten. Falls bei der Beantwortung dieser Fragen Schwierigkeiten auftreten, sollte der entsprechende Stoff nochmals durchgearbeitet werden.

Für die vielen Hinweise und förderlichen Diskussionen bei der Abfassung des Textes bedanke ich mich ganz besonders bei meinem Kollegen Professor Dr.-Ing. Hans Kuß, Hochschule für Technik und Wirtschaft Dresden (FH). Herrn Professor Dr.-Ing. Otto Mildenberger, Fachhochschule Wiesbaden, und dem Verlag Vieweg danke ich für die Anregung zu diesem Buch und für die gute Zusammenarbeit.

Dresden, im Juli 2001   Eberhard Seefried

Inhaltsverzeichnis

1 Einführung

Die Automatisierung industrieller Prozesse verlangt unter anderem Antriebssysteme, die in der Lage sind, die notwendigen Bewegungsabläufe des jeweiligen technologischen Verfahrens zu realisieren. Die dazu erforderliche mechanische Energie wird heute in den meisten Fällen durch Umformung elektrischer Energie gewonnen, da sich diese Energieform durch eine relativ leichte Transportierbarkeit über große Entfernungen und Umweltfreundlichkeit auszeichnet. Darüber hinaus lässt sich die elektrische Energie mit gutem Wirkungsgrad in mechanische umwandeln. Außerdem gestattet die elektrische Signalverarbeitung mit den Mitteln der modernen Informationselektronik eine schnelle Verarbeitung einer großen Zahl von Messwerten und Befehlen und damit eine exakte Steuerung von Bewegungsabläufen.

Der elektrische Antrieb ist die Schnittstelle im technologischen Prozess, an der die elektrische Energie in mechanische umgewandelt wird, um den geforderten Bewegungsablauf zu realisieren. Das bedeutet, dass der elektrische Antrieb entsprechende Informationen bzw. Signale in definierte Bewegungsabläufe umsetzen muss. Demzufolge handelt es sich bei einem elektrischen Antrieb um ein System, bei dem verschiedene Funktionseinheiten zusammenwirken. Bei der Analyse und Synthese derartiger Systeme gibt es immer zwei Gesichtspunkte:

1. Realisierung der Bewegungsvorgänge durch Bereitstellung der erforderlichen mechanischen Energie;

2. Steuerung der Bewegung durch Eingriff in den Energiefluss.

Die elektrische Antriebstechnik ist heute durch eine enge Verknüpfung bzw. Durchdringung dieser beiden Gesichtspunkte gekennzeichnet, wodurch sich für den Antriebstechniker stets zwei Aufgaben ergeben, die zu lösen sind:

1. Anpassung des elektrischen Antriebsmittels an die Arbeitsmaschine bzw. an den technologischen Prozess,

2. Realisierung der geforderten Bewegungsabläufe mit der notwendigen *Genauigkeit* und *Reproduzierbarkeit*.

Elektrische Antriebe beherrschen heute einen Leistungsbereich von etwa 1 mW bis zu einigen MW. In Industrieländern werden etwa zwei Drittel der erzeugten Elektroenergie in elektrischen Antrieben umgesetzt

1.1 Schreibweise von Größen und Gleichungen

Physikalische Größen werden wie folgt bezeichnet:

kleine Buchstaben:	zeitabhängige Größen (Momentanwerte), bezogene Größen,
große Buchstaben:	zeitunabhängige Größen, stationäre Werte, Effektivwerte,

$\hat{g}$:   Amplitude,

g :   Zeiger (zeitlich oder räumlich komplexe Größe).

Gleichungen werden vorzugsweise als Größengleichungen geschrieben, d.h., die einzelnen Größen können in beliebigen Maßeinheiten eingesetzt werden. Beispielsweise ergibt sich die Leistung p aus dem Produkt aus Drehmoment m und Winkelgeschwindigkeit ω in Momentanwerten:

$$p = m \cdot \omega \tag{1.1}$$

Der gleiche Sachverhalt kann auch durch eine *zugeschnittene* Größengleichung zum Ausdruck gebracht werden, wobei die einzelnen Größen zweckmäßig in den angegebenen Maßeinheiten eingesetzt werden. Gleichung (1.1) lautet dann für stationäre Größen:

$$P/\text{W} = 0,105 \cdot M/\text{Nm} \cdot N/\text{min}^{-1} \tag{1.2}$$

wobei N die Drehzahl darstellt.

1.2 Struktur des Antriebssystems, Umfeld und Begriffe elektrischer Maschinen

Unabhängig von der Vielgestaltigkeit der Ausführungsformen eines elektrischen Antriebes lassen sich stets die gleichen *Funktionseinheiten* finden, die in jedem Antrieb mehr oder weniger ausgeprägt sind. Die Struktur eines elektrischen Antriebes ist im Bild 1.1 dargestellt. In diesem Bild bedeuten:

A   die Arbeitsmaschine,

Ü   die mechanische Übertragungseinrichtung (Getriebe, Kupplung),

M   das elektrische Antriebsmittel (im allgemeinen Elektromotor),

SG   das Stellglied (heute vorzugsweise Stromrichter),

SE   die Schutzeinrichtung.

Die Steuereinrichtung ist das informationsverarbeitende Teilsystem, das in den meisten Fällen eine elektronische Einrichtung ist, die je nach Umfang der zu verarbeitenden Informationsmenge auch ein Rechner sein kann.

Die internen und externen *Signale* sind:

w - Führungsgrößen,   y - Stellgrößen,

x - Steuer- bzw. Regelgröße,   r - Rückführgrößen, v - Meldegrößen, x_n - Nebenwirkungen,

z - Störgrößen.

Das Antriebssystem hat drei Schnittstellen:

- Arbeitsmaschine bzw. technologischer Prozess - Antriebssystem,
- Energiequelle (Netz, Batterie) - Antriebssystem,
- Bedienebene - Antriebssystem.

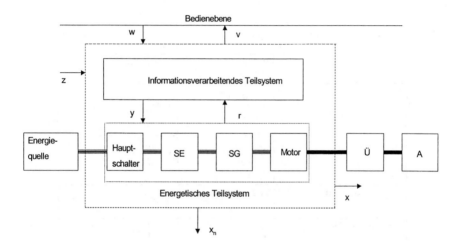

Bild 1.1 Struktur des elektrischen Antriebsystems

Störgrößen können sein:

- Kräfte, Drehmomente, Trägheitsmomente der anzutreibenden Einrichtung,
- Spannungs- und Frequenzänderungen der Energiequelle,
- elektrische und magnetische Felder, die von anderen elektrischen Einrichtungen hervorgerufen werden,
- Umwelteinflüsse, wie Temperatur, Staub, Luftfeuchtigkeit usw.

Als unerwünschte Nebenwirkungen können auftreten:

- mechanische Schwingungen, Vibrationen,
- Geräusche,
- Wärmeentwicklung,
- Abstrahlung elektrischer und magnetischer Felder, die andere elektrische Einrichtungen beeinflussen.

2 Realisierung von Bewegungsvorgängen

2.1 Übersicht über Bewegungsvorgänge

Die von elektrischen Antrieben zu erfüllenden Bewegungsaufgaben lassen sich in *translatorische* und *rotatorische* Bewegungen einteilen, wobei beide Bewegungsformen *kontinuierlich* oder *diskontinuierlich* ablaufen können. Die Kenngrößen der Bewegungsvorgänge sind in Tabelle 2.1 zusammengestellt.

Tabelle 2.1 Kenngrößen von Bewegungsvorgängen

	Rotation	Translation
Ruck	$\ddot{\omega} = \dfrac{d^2\omega}{dt^2}$	$\ddot{v} = \dfrac{d^2v}{dt^2}$
Beschleunigung	$\dot{\omega} = \dfrac{d\omega}{dt}$	$\dot{v} = \dfrac{dv}{dt}$
Geschwindigkeit	$\omega = f(t)$	$v = f(t)$
Winkel bzw. Weg	$\varphi = \displaystyle\int \omega dt$	$x = \displaystyle\int v dt$

Für die Darstellung dieser Kenngrößen gibt es zwei Möglichkeiten:
Entweder werden die *Zeitfunktionen* angegeben, wie das im Bild 2.1 am Beispiel eines Positionierantriebes geschehen ist, oder es werden drei der obengenannten Kenngrößen in einem räumlichen Koordinatensystem (vorzugsweise $\omega, \dot{\omega}, x$), dem sogenannten *Phasenraum* dargestellt.

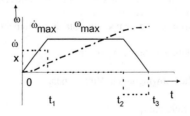

Bild 2.1 Darstellung eines Bewegungsvorganges als Zeitfunktion

2.2 Bewegungsgleichung

Zur Ableitung der Bewegungsgleichung werden die Strukturelemente Motor-Getriebe-Arbeitsmaschine betrachtet (Bild 2.2). m_{AA} und J_{AA} sind die an der Welle der Arbeitsmaschine wirkenden Widerstands- bzw. Trägheitsmomente. Für die dort angegebene Energieflussrichtung lässt sich folgende Leistungsbilanz aufstellen:

$$m \cdot \omega = \frac{m_{AA} \cdot \omega_A}{\eta_{\ddot{u}}} + \frac{dW_{kin}}{dt} \qquad (2.1)$$

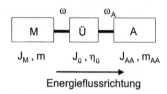

Bild 2.2 Ableitung der Bewegungsgleichung

Die vom Motor erzeugte mechanische Leistung $m \cdot \omega$ teilt sich in einen Anteil, der in der Arbeitsmaschine umgesetzt wird, und in einen Anteil, der zur Änderung des Energieinhaltes der bewegten Massen bei Drehzahländerungen benötigt wird, auf. Es wird hierbei angenommen, dass die durch den Wirkungsgrad $\eta_{\ddot{u}}$ charakterisierten Getriebeverluste nur als zusätzliches Widerstandsmoment wirken und keinen Einfluss auf die kinetische Energie W_{kin} des Antriebssystems haben. Aus Gl. (2.1) ergibt sich

$$m = \frac{m_{AA}}{\eta_{\ddot{u}}} \cdot \frac{\omega_A}{\omega} + \frac{1}{\omega} \cdot \frac{dW_{kin}}{dt} \qquad (2.2)$$

oder

$$m = m_A + m_{dyn} \quad . \qquad (2.3)$$

Im Folgenden sollen die einzelnen Momentanteile näher untersucht werden.

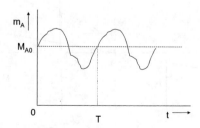

Bild 2.3 Periodisches Widerstandsmoment

Das auf die Motorwelle bezogene *Widerstandsmoment* der Arbeitsmaschine m_A ist entweder eine determinierte oder eine stochastische Größe. Im Allgemeinen ist es ausreichend, das Widerstandsmoment als eine determinierte Funktion zu beschreiben. Liegt eine periodische Funktion vor (Bild 2.3), so kann man durch eine harmonische Analyse die Zeitfunktion in folgender Form angeben:

$$m_A = M_{A0} + \sum_{v=1}^{n} \hat{m}_{Av} \cdot \sin(v\omega t + \varphi_v) \ . \tag{2.4}$$

In sehr vielen Fällen sind die Widerstandsmomente zeitlich konstant, so dass diese durch die stationäre Drehzahl-Drehmoment-Kennlinie beschrieben werden können. Die wichtigsten Grundtypen, auf die sich eine Vielzahl von Arbeitsmaschinen zurückführen lässt, sind im Bild 2.4 zusammengestellt. Bei diesen idealisierten Kennlinien handelt es sich im Einzelnen um folgende Zusammenhänge:

a $M_A = k_0$ (2.5)

Diese Widerstandsmomente treten bei Arbeitsmaschinen zur Überwindung der Schwerkraft, wie z.B. bei Hebezeugen, auf (durchziehende Last).

b $M_A = k_0 \mathrm{sign} \Omega_A$ (2.6)

Durch diese Kennlinie werden Arbeitsmaschinen zur Überwindung trockener Reibung oder Arbeitsmaschinen mit Formänderungsarbeit beschrieben.

c $M_A = k_1 \cdot \Omega_A$ (2.7)

Hierbei handelt es sich um Arbeitsmaschinen mit viskoser Reibung (Papier- und Kunststoffkalander).

d $M_A = k_2 \cdot \Omega_A^2$ (2.8)

Diese Kennlinie charakterisiert Gebläse, Lüfter, Kreiselpumpen u.ä.

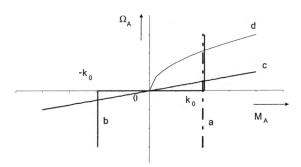

Bild 2.4 Stationäre Widerstandsmomente

Das *dynamische Moment* m_{dyn} wird durch das Trägheitsmoment J (bei Rotation) bzw. die bewegte Masse M (bei Translation) des Antriebssystems bestimmt. Hier sollen nur die Verhältnisse bei Drehbewegung untersucht werden. Es ist zu beachten, dass das Trägheitsmoment sowohl drehzahl- als auch zeitabhängig sein kann:

$$J = f(\omega, t)$$

Zur Ermittlung des dynamischen Momentes soll die kinetische Energie des Antriebssystems betrachtet werden, die sich bei einer Drehbewegung bekanntlich zu

$$W_{kin} = \frac{J}{2} \cdot \omega^2 \tag{2.9}$$

ergibt, so dass man für das dynamische Moment erhält:

$$m_{dyn} = \frac{1}{\omega} \cdot \frac{dW_{kin}}{dt} = J \cdot \frac{d\omega}{dt} + \frac{\omega}{2} \cdot \frac{dJ}{dt} \tag{2.10}$$

Für den speziellen Fall eines konstanten Trägheitsmomentes wird schließlich die Bewegungsgleichung

$$m = m_A + J \cdot \frac{d\omega}{dt} \tag{2.11}$$

Die Bewegungsgleichung sagt aus, dass im stationären Betrieb wegen ω = konst., d.h. $\dfrac{d\omega}{dt} = 0$,

$$M = M_A \tag{2.12}$$

gilt.

Im nichtstationären (dynamischen) Betrieb sind zwei Fälle zu unterscheiden:

$$m > m_A, \quad \text{d.h.} \quad \frac{d\omega}{dt} > 0 \text{ (Beschleunigung)},$$

$$m < m_A, \quad \text{d.h.} \quad \frac{d\omega}{dt} < 0 \text{ (Verzögerung)}.$$

2.3 Umrechnung von Kenngrößen des Bewegungsvorganges

Zur Anpassung des Motors an die anzutreibende Arbeitsmaschine ist in vielen Fällen ein Getriebe oder Hebelmechanismus notwendig. Um die erforderlichen Motorparameter (Leistung, Drehmoment) bestimmen zu können, müssen die Kenngrößen der Arbeitsmaschine auf die Motorwelle umgerechnet werden. Dabei werden Drehmomente bzw. Kräfte aus einer Leistungsbilanz unter Berücksichtigung der Verluste des Übertragungsgliedes in Form des Wirkungsgrades umgerechnet, während zur Umrechnung der Trägheitsmomente bzw. Massen vom Gleichgewicht der kinetischen Energien ausgegangen wird.

2.3.1 Umrechnung Rotation – Rotation

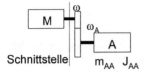

Bild 2.5 Zur Umrechnung Rotation – Rotation

$$m_A \cdot \omega \cdot \eta_{\ddot{u}} = m_{AA} \cdot \omega_A \tag{2.13}$$

$$m_A = \frac{m_{AA}}{\eta_{\ddot{u}}} \cdot \frac{\omega_A}{\omega} \tag{2.14}$$

$$J_A \cdot \frac{\omega^2}{2} = J_{AA} \cdot \frac{\omega_A^2}{2} \tag{2.15}$$

$$J_A = J_{AA} \cdot \left(\frac{\omega_A}{\omega}\right)^2 \tag{2.16}$$

Es sei nochmals darauf hingewiesen, dass der Index AA die auf die Welle der Arbeitsmaschine bezogenen Größen angibt.

2.3.2 Umrechnung Translation – Rotation

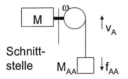

Bild 2.6 Zur Umrechnung Translation – Rotation

$$m_A = f_{AA} \cdot \frac{v_A}{\omega} \cdot \frac{1}{\eta_{\ddot{u}}} \tag{2.17}$$

$$J_A = M_{AA} \cdot \left(\frac{v_A}{\omega}\right)^2 \tag{2.18}$$

M_{AA} ist hier die translatorisch bewegte Masse.

2.3.3 Umrechnung Translation – Translation

$$f_A = f_{AA} \cdot \frac{v_A}{v} \cdot \frac{1}{\eta_{\ddot{u}}}$$
(2.19)

$$M_A = M_{AA} \cdot \left(\frac{v_A}{v}\right)^2$$
(2.20)

2.4 Anlauf- und Bremszeit eines Antriebes

Als Beispiel für die Anwendung der Bewegungsgleichung sollen Anlauf- und Bremsvorgänge betrachtet werden. Die Kenntnis der Anlaufzeit ist besonders bei Antrieben mit Asynchron-Kurzschlussläufermotoren wichtig, da die thermische Beanspruchung des Motors in diesem Betriebszustand sehr groß ist.

Wenn man voraussetzen kann, dass die elektrischen Ausgleichsvorgänge im Motor sehr viel schneller ablaufen als die mechanischen (was in den meisten Fällen gewährleistet ist), können zur Berechnung der Übergangsvorgänge die stationären Zusammenhänge zwischen Winkelgeschwindigkeit und Drehmoment verwendet werden. Lassen sich diese Zusammenhänge analytisch formulieren ($m = f_1(\omega)$; $m_A = f_2(\omega)$) und ist das Trägheitsmoment J konstant, so folgt für die Übergangszeit von einem Betriebszustand mit der Winkelgeschwindigkeit Ω_1 auf einen anderen mit der Winkelgeschwindigkeit Ω_2 nach Gleichung (2.11)

$$t_{\ddot{u}} = \int_{\Omega_1}^{\Omega_2} \frac{J}{m - m_A} d\omega$$
(2.21)

Für den *Anlaufvorgang* gilt $\Omega_1 = 0, \quad \Omega_2 = \Omega_0$

$$t_a = \int_{0}^{\Omega_0} \frac{J}{m - m_A} d\omega$$
(2.22)

und für den *Bremsvorgang* $\Omega_1 = \Omega_0, \quad \Omega_2 = 0$

$$t_{br} = -\int_{0}^{\Omega_0} \frac{J}{m - m_A} d\omega$$
(2.23)

Ebenso kann man aus Gleichung (2.11) den zeitlichen Verlauf der Winkelgeschwindigkeit während des Übergangsvorganges bestimmen:

$$\omega = \frac{1}{J} \int (m - m_A) dt \qquad (2.24)$$

Besonders einfache Beziehungen ergeben sich für den Fall, dass M = *konst.* und M_A = *konst.* sind, d.h., die Drehzahl-Drehmoment-Kennlinie des Motors wird entsprechend Bild 2.7 vereinfacht. Eine solche Annäherung ist gültig, wenn durch eine entsprechende Steuerung des Motors erreicht, dass er während des Anlaufvorganges ein konstantes Drehmoment M_a entwickelt.

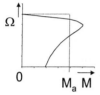

Bild 2.7
Zur vereinfachten Berechnung des Anlaufvorganges bei Asynchronmotoren

Eine Berechnung der Anlauf- und Bremszeit nach den Gleichungen (2.22) und (2.23) ist jedoch nicht möglich, wenn sich keine mathematischen Formulierungen für die Drehzahl-Drehmoment-Kennlinien des Motors und der Arbeitsmaschine finden lassen. In diesem Falle ist es zweckmäßig, die Übergangszeiten aus den stationären Kennlinien mittels eines graphisch-rechnerischen Verfahrens zu bestimmen.

Die beiden Kennlinien $M = f_1(\Omega)$ und $M_A = f_2(\Omega)$ sind im Bild 2.8a dargestellt. Aus diesen beiden Kennlinien wird zunächst eine resultierende Kennlinie $(M - M_A)$ entsprechend Bild 2.8b punktweise gewonnen. Diese Kennlinie wird anschließend in einzelne Intervalle $\Delta\Omega$ aufgeteilt. Für jedes Intervall wird das resultierende Drehmoment $(M - M_A)$ als konstant betrachtet.

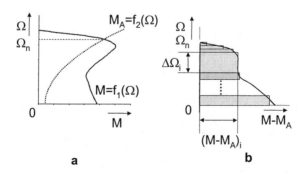

Bild 2.8 Graphisch-rechnerische Bestimmung der Anlaufzeit (a Kennlinien M und M_A, b resultierende Kennlinie $M - M_A$)

Untersucht man den Anlaufvorgang, so ist die Zeit für das Durchlaufen des i-ten Intervalls im Bild 2.8b

$$\Delta t_{ai} = \frac{J \cdot \Delta\Omega_i}{(M - M_A)_i} \tag{2.25}$$

Die gesamte Anlaufzeit ist dann

$$t_a = \sum_{i=1}^{n} \Delta t_{ai} = J \sum_{i=1}^{n} \frac{\Delta\Omega_i}{(M - M_A)_i} \tag{2.26}$$

Dieses Verfahren lässt sich selbstverständlich auch zur Bestimmung der Bremszeiten anwenden, wenn die entsprechenden Drehzahl-Drehmoment-Kennlinien für Bremsbetrieb vorliegen.

2.5 Stabilität des Arbeitspunktes

Wenn Arbeitsmaschine und Motor über das Übertragungsglied miteinander verbunden sind, ergibt sich für die an der Motorwelle wirksamen Drehzahl-Drehmomentkennlinien von Motor und Arbeitsmaschine ein Schnittpunkt, der Arbeitspunkt P_0 des Systems (Bild 2.9).

Zur Untersuchung, ob ein solcher Arbeitspunkt stabil oder instabil ist, werden wieder die elektrischen Ausgleichsvorgänge vernachlässigt. Es wird außerdem angenommen, dass auf Grund einer äußeren Störung kleine Abweichungen von diesem Punkt auftreten:

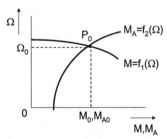

Bild 2.9 Arbeitspunkt des Antriebssystems

$$M = M_0 + \Delta m \tag{2.27}$$

$$M_A = M_{A0} + \Delta m_A \tag{2.28}$$

$$\Omega = \Omega_0 + \Delta\omega \tag{2.29}$$

Mit diesen Größen kann man die Drehzahl-Drehmoment-Funktionen für Motor und Arbeitsmaschine wie folgt schreiben:

$$M_0 + \Delta m = f_1(\Omega_0 + \Delta\omega) \tag{2.30}$$

$$M_{A0} + \Delta m_A = f_2(\Omega_0 + \Delta\omega) \tag{2.31}$$

Die Gleichungen (2.30) und (2.31) werden jeweils in eine Taylorreihe entwickelt, die nach dem
ersten Glied abgebrochen wird:

$$M_0 + \Delta m = f_1(\Omega_0) + \frac{\Delta\omega}{1!} \cdot f_1'(\Omega_0) + \dots \tag{2.32}$$

$$M_{A0} + \Delta m_A = f_2(\Omega_0) + \frac{\Delta\omega}{1!} \cdot f_2'(\Omega_0) + \dots \tag{2.33}$$

Berücksichtigt man, dass

$$f_1(\Omega_0) = M_0 \qquad\qquad \text{und}$$

$$f_2(\Omega_0) = M_{A0} \qquad\qquad \text{sowie}$$

$$f_1'(\Omega_0) = \left(\frac{dM}{d\Omega}\right)_0,$$

$$f_2'(\Omega_0) = \left(\frac{dM_A}{d\Omega}\right)_0$$

die Steigungen der Kennlinien im Arbeitspunkt P_0 sind, so werden

$$\Delta m = \left(\frac{dM}{d\Omega}\right)_0 \cdot \Delta\omega \tag{2.34}$$

$$\Delta m_A = \left(\frac{dM_A}{d\Omega}\right)_0 \cdot \Delta\omega \tag{2.35}$$

Um das Verhalten des Systems, d.h. den Bewegungsvorgang, in Bezug auf die kleinen Abweichungen vom stationären Arbeitspunkt berechnen zu können, wendet man die Bewegungsgleichung (2.11) an und erhält

$$J \cdot \frac{d(\Delta\omega)}{dt} - \left[\left(\frac{dM}{d\Omega}\right)_0 - \left(\frac{dM_A}{d\Omega}\right)_0\right] \cdot \Delta\omega = 0 \tag{2.36}$$

Die Lösung dieser Differenzialgleichung lautet:

$$\Delta\omega = K \cdot \exp\left\{\left[\left(\frac{dM}{d\Omega}\right)_0 - \left(\frac{dM_A}{d\Omega}\right)_0\right] \cdot \frac{t}{J}\right\} \qquad (2.37)$$

Das Verhalten bei kleinen Drehzahlabweichungen vom stationären Arbeitspunkt wird durch den Exponenten dieser Funktion bestimmt (Bild 2.10). Bei negativem Exponenten wird die Funktion für $t \to \infty$ Null, d.h., die kleine Abweichung der Drehzahl, die durch eine äußere Störung hervorgerufen wurde, verschwindet. Damit ist aber der Arbeitspunkt stabil. Die Stabilitätsbedingung lautet also:

$$\frac{dM}{d\Omega} < \frac{dM_A}{d\Omega} \qquad (2.38)$$

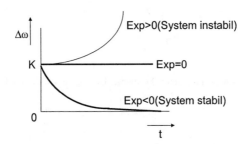

Bild 2.10 Einfluss des Exponenten auf das Verhalten des Systems

Zur Selbstkontrolle

-   Skizzieren Sie die Struktur eines elektrischen Antriebssystems!

-   Zeichnen Sie die Drehzahl-Drehmoment-Kennlinie

    a) eines Absperrschiebers,

    b) eines Schrägaufzuges,

    c) einer Kreiselpumpe!

Zur Übung

2.1   a) Berechnen Sie allgemein die Anlaufzeit und den Verlauf der Winkelgeschwin-
        digkeit für den Fall, dass der Motor mit konstantem Moment $M = 2\,M_n$ bis zur
        stationären Winkelgeschwindigkeit Ω_0 anläuft. Das Moment der Arbeitsmaschine
        sei M_A.

        b) Bestimmen Sie die Bremszeit bei freiem Auslauf des Antriebes!

2.2   Ein Asynchronmotor wird durch einen Generator belastet. In Abhängigkeit   vom
        Belastungswiderstand des Generators ergeben sich die im Bild 2.11 dargestellten Ar-
        beitspunkte 1 und 2. Welcher der beiden Arbeitspunkte ist stabil?

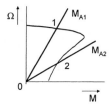

Bild 2.11 Arbeitspunkte eines Asynchronmotors bei drehzahlabhängigem Widerstandsmoment

3 Elektrische Antriebsmittel

3.1 Übersicht

Motoren können nach ihrer Bewegungsart (Translation, Rotation) unterschieden werden. Rotierende Elektromotoren werden mit zentrisch oder exzentrisch gelagertem Läufer ausgeführt. Bei letzteren rollt der Läufer auf speziellen Wälzbahnen des Ständers ab, wodurch sehr niedrige Drehzahlen zustande kommen. Diese Wälzmotoren haben aber nur sehr geringe praktische Bedeutung. Beide Ausführungsformen rotierender Motoren können kontinuierliche oder diskontinuierliche Drehbewegungen ausführen. Antriebsmittel für schrittweise Bewegungen werden als Schrittmotoren bezeichnet.

Hinsichtlich der Bewegungsformen gilt gleiches für die translatorisch arbeitenden Motoren. Eine diskontinuierliche Translationsbewegung wird durch lineare Schrittmotoren erreicht.

Wie im Bild 3.1 gezeigt ist, sind rotierende Motoren weitgehend problemneutral und bilden in den meisten Fällen ein konstruktiv abgeschlossenes Element. Die translatorischen Elektromotoren werden dagegen in den meisten Fällen problemspezifisch entwickelt und bilden vielfach mit der anzutreibenden Arbeitsmaschine eine konstruktive Einheit.

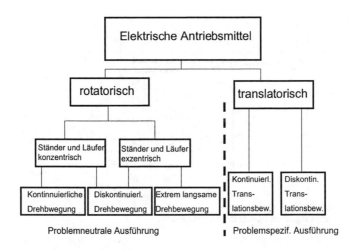

Bild 3.1 Übersicht über elektrische Antriebsmittel

3.2 Antriebsmittel für kontinuierliche Drehbewegung

Bei diesen Elektromotoren kann man in Bezug auf ihr stationäres Verhalten vier Grundtypen unterscheiden, deren stationäre Winkelgeschwindigkeit-Drehmonent-Kennlinien im Bild 3.2 dargestellt sind:

a   Nebenschlussverhalten
       Die Winkelgeschwindigkeit ändert sich mit steigender Belastung nur geringfügig.

b   Reihenschlussverhalten
       Es besteht ein hyperbolischer Zusammenhang zwischen Winkelgeschwindigkeit und Drehmoment.

c   Asynchronverhalten
       Die Kennlinie weist ein Maximum beim Drehmoment (Kippmoment) auf. Im normalen Betriebsbereich zwischen Leerlauf und Bemessungsmoment haben diese Motoren Nebenschlussverhalten.

d   Synchronverhalten
       Die Drehzahl ist bis zum Erreichen des Maximalmomentes (Kippmoment) konstant.

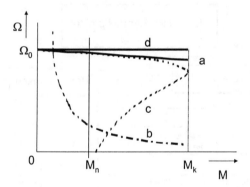

Bild 3.2 Stationäre Kennlinien rotierender Elektromotoren

Hinsichtlich ihrer konstruktiven Ausführung, d.h. der Anordnung von Ständer und Läufer, sind vier Typen zu unterscheiden:

- Innenläufermotor (Bild 3.3a),
- Außenläufermotor (Bild 3.3b),
- Zwischenläufermotor mit Glockenläufer (Bild 3.3c),
- Zwischenläufermotor mit Scheibenläufer (Bild 3.3d).

Zur Selbstkontrolle

- Zeichnen Sie die Drehzahl-Drehmoment-Kennlinie:

  a) eines fremderregten Gleichstrommotors,

  b) eines Drehstromasynchronmotors,

  c) eines Gleichstromreihenschlussmotors!

- Welche grundsätzlichen Konstruktionsformen rotierender Elektromotoren gibt es?

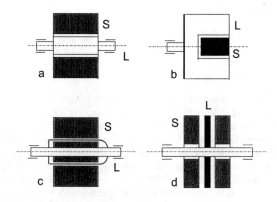

Bild 3.3 Konstruktive Ausführung von Elektromotoren

3.2.1 Energiewandlung, Spannungsinduktion, Drehmomentbildung

Die Aufgabe einer elektrischen Maschine besteht in der Energiewandlung. Dabei können drei Betriebszustände auftreten (vgl. auch Bild 3.4a –c):

1. Motorbetrieb (Umwandlung elektrischer Energie in mechanische),

2. Generatorbetrieb (Umwandlung mechanischer Energie in elektrische),

3. Umformerbetrieb (Umwandlung elektrischer Energie von einer Stromart und Spannung in elektrische Energie einer anderen Stromart und Spannung).

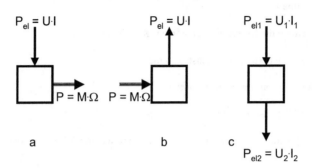

$P_{el} = U \cdot I$ $P_{el} = U \cdot I$ $P_{el1} = U_1 \cdot I_1$

$P = M \cdot \Omega$ $P = M \cdot \Omega$

a   b   c

$P_{el2} = U_2 \cdot I_2$

Bild 3.4 Energiewandlung mittels elektrischer Maschinen
a) Motor
b) Generator
c) Umformer

Allen elektrischen Maschinen ist gemeinsam, dass die Energieumwandlung unter Ausnutzung eines Magnetfeldes vor sich geht. Dieses Feld ist Voraussetzung für die Induktion von Spannungen in Leiterschleifen und Spulen und für die Entstehung von Kräften an stromdurchflossenen Leitern bzw. Spulen. Das Magnetfeld kann durch spezielle Erregerwicklungen oder auch bei kleineren Maschinen durch Permanentmagnete erzeugt werden und je nach konstruktiver Ausführung räumlich stillstehen oder umlaufen. Der magnetische Kreis besteht wegen der hohen magnetischen Leitfähigkeit dieses Werkstoffes aus Eisen. Für zeitlich konstante Magnetfelder kann der Eisenkreis massiv sein, während Maschinenteile, die von zeitlich veränderlichen Magnetfeldern durchsetzt werden, aus einzelnen, gegeneinander isolierten Blechen lamelliert aufgebaut sein müssen, um die Wirbelströme und die damit verbundenen Verluste klein zu halten. Im Bild 3.5 sind verschiedene Möglichkeiten für den Magnetkreis einer rotierenden elektrischen Maschine dargestellt.

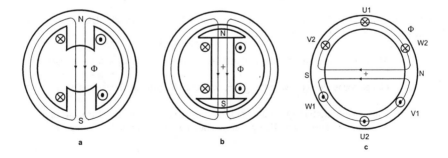

a   b   c

Bild 3.5 Magnetkreise elektrischer Maschinen

Die Außenpolanordnung (Bild 3.5a) findet man bei Gleichstrommaschinen und Außenpol-synchronmaschinen. Der Ständer hat ausgeprägte Pole, die die Erregerwicklung tragen. An Stelle der Pole können auch Permanentmagnete eingesetzt werden. Die Ankerwicklung befindet sich auf dem Läufer (hier nicht dargestellt).

Bei der Innenpolanordnung rotiert ein Polrad mit einem oder mehreren Polpaaren, die ebenfalls die Erregerwicklung tragen. Der Erregerstrom für diese Wicklung wird über Schleifringe zugeführt. Auch hier kann die Erregung mit Permanentmagneten erfolgen. Die Ankerwicklung befindet sich im Ständer. Anwendung findet diese Variante (Bild 3.5b) bei Synchronmaschinen.

Eine dritte Möglichkeit zur Erzeugung eines Magnetfeldes, von der vor allem bei Drehstrommaschinen Gebrauch gemacht wird, besteht in der Anordnung von drei räumlich um 120° versetzten Spulen, die von drei zeitlich um 120° verschobenen Wechselströmen gespeist werden. Wie weiter unten noch gezeigt wird, entsteht dadurch ein Magnetfeld, das mit konstanter Amplitude und konstanter Winkelgeschwindigkeit rotiert (Drehfeld).

Die *Spannungsinduktion* in einer Leiterschleife erfolgt nach dem Induktionsgesetz gemäß

$$u_L = (v \times B) \cdot l \tag{3.1}$$

wobei B der Vektor der magnetischen Flussdichte ist und v der Vektor der Geschwindigkeit des Leiters mit der Länge l im Magnetfeld. Stehen die Vektoren B und v senkrecht aufeinander, wie das bei rotierenden elektrischen Maschinen der Fall ist, kann man Gl. (3.1) auch schreiben:

$$u_L = v \cdot B \cdot l \tag{3.2}$$

Die Umfangsgeschwindigkeit des Ankers, wenn beispielsweise eine Anordnung nach Bild 3.5a zu Grunde gelegt wird, ist

$$v = \omega \cdot r \tag{3.3}$$

Somit wird

$$u_L = \omega \cdot r \cdot B \cdot l \tag{3.4}$$

Da aber $B = c \cdot \Phi$ ist, wird die gesamte, in einer Spule induzierte Spannung im stationären Zustand

$$U = \sum U_L = k \cdot \Phi \cdot \Omega \tag{3.5}$$

Bei der Betrachtung des *Drehmomentes* geht man von der Kraft f_L auf einen vom Strom i durchflossenen Leiter der Länge l im Magnetfeld aus:

$$f_L = (l \times B) \cdot i \tag{3.6}$$

oder bei rechtwinkliger Anordnung von Leiter und Magnetfeld

$$f_L = l \cdot B \cdot i \tag{3.7}$$

Das auf den Leiter ausgeübte Drehmoment ist

$$m_L = f_L \cdot r \tag{3.8}$$

(r ist der Abstand des Leiters vom Drehpunkt).

Für den stationären Fall ergibt sich das von der Maschine entwickelte Drehmoment als Summe der Drehmomente der einzelnen Leiter im Anker

$$M = \sum M_L = k \cdot \Phi \cdot I \tag{3.9}$$

Werden die Erregerwicklung und die Ankerwicklung mit Wechselstrom gespeist, so gilt allgemein für die Zeitfunktion des Flusses

$$\Phi = \hat{\Phi} \sin \vartheta \tag{3.10}$$

mit dem Zeitwinkel $\vartheta = \omega t$, und für die Zeitfunktion des Stromes

$$i = \hat{i} \sin(\vartheta + \varphi) \tag{3.11}$$

φ ist der Phasenwinkel zwischen Strom und Fluss.

Aus Gl. (3.9) ergibt sich dann analog

$$m = k \cdot \Phi \cdot i = k \cdot \hat{\Phi} \cdot \hat{i} \sin \vartheta \cdot \sin(\vartheta + \varphi) \tag{3.12}$$

$$= \frac{k \cdot \hat{\Phi} \cdot \hat{i}}{2} (\cos \varphi + \cos(2\vartheta - \varphi)) \tag{3.13}$$

d.h., das von einer derartigen Anordnung entwickelte Drehmoment besteht aus einem zeitlich konstanten Anteil und einem zeitlich veränderlichen mit doppelter Netzfrequenz.

Das mittlere Drehmoment, ausgedrückt durch die Effektivwerte von Fluss und Strom, ist damit vom Phasenwinkel zwischen diesen beiden Größen abhängig:

$$M = k \cdot \Phi \cdot I \cdot \cos\varphi \qquad (3.14)$$

3.2.2 Fremderregter Gleichstrommotor – Gleichstromnebenschlussmotor

3.2.2.1 Aufbau und Wirkungsweise

Der Aufbau der Gleichstrommaschine (Bild 3.6a) entspricht dem im Bild 3.5a dargestellten Maschinentyp. Für die verschiedenen Erregungsarten sind die Schaltbilder und die Klemmenbezeichnungen Bild 3.6b zu entnehmen.

Im Ständer der Maschine befinden sich die Hauptpole zur Erzeugung des Hauptfeldes, auf denen im Allgemeinen die Erregerwicklung angebracht ist. Da die Maschine mit Gleichstrom erregt wird, sind der Ständer und die Hauptpole aus massivem Eisen hergestellt. Lediglich bei großen Maschinen werden die Polschuhe zur Herabsetzung der Ummagnetisierungsverluste geblecht ausgeführt. Senkrecht zu den Hauptpolen befinden sich die wesentlich schmaleren Wendepole zur Erzeugung des Wendefeldes. Die Wendepolwicklungen und die bei großen Maschinen in den Polschuhen untergebrachten Kompensationswicklungen werden vom Ankerstrom durchflossen. Der Anker selbst ist ebenfalls geblecht. In Nuten liegt die Ankerwicklung, deren Spulen an die Lamellen des Kommutators angeschlossen sind.

Die Klemmenbezeichnungen bei Gleichstrommaschinen bedeuten:

A1 – A2	Ankerwicklung
F1 – F2	Fremderregerwicklung
B1 – B2	Wendepolwicklung
C1 – C2	Kompensationswicklung
D1 – D2	Reihenschlusserregerwicklung
E1 – E2	Nebenschlusserregerwicklung

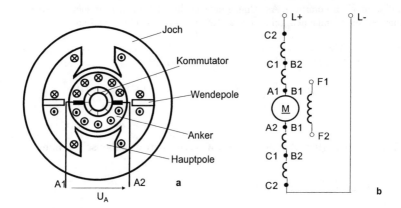

Bild 3.6 Gleichstrommaschine
a) Aufbau,
b) Klemmenbezeichnungen

Durch die Drehung des Ankers im Hauptfeld wird in den Ankerspulen eine Spannung induziert, die durch den Kommutator gleichgerichtet wird. An den Klemmen A1 – A2 tritt eine
Spannung U_i auf, deren arithmetischer Mittelwert nach Gl. (3.5) vom Fluss und von der Winkelgeschwindigkeit abhängt. k ist die Maschinenkonstante.

Zu Erläuterung des Betriebsverhaltens soll von der Leistungsbilanz bei Motorbetrieb ausgegangen werden (Bild 3.7):

$$P_E + P_{el} = P + P_v \tag{3.15}$$

Hierbei bedeuten:

P_{el} – die vom Anker aufgenommene elektrische Leistung $U_A I_A$,

P_E - die von der Erregerwicklung aufgenommene Leistung $U_E I_E$,

P - die an der Welle abgegebene mechanische Leistung $M\Omega$,

P_v - die gesamte Verlustleistung.

Im Einzelnen ergeben sich folgende Leistungsanteile:

$$U_A \cdot I_A + U_E \cdot I_E = M \cdot \Omega + I_A^2 \cdot R_A + I_E^2 \cdot R_E + 2U_B \cdot I_A \tag{3.16}$$

Der im Folgenden vernachlässigte Bürstenspannungsabfall U_B wird als stromunabhängig angenommen. Dieser Spannungsabfall liegt zwischen ca. 25 mV bei Edelmetallbürsten und ca. 1 V bei Graphitbürsten.

Beschränkt man sich auf die Betrachtung des Ankerkreises, d.h. die von der Erregerwicklung aufgenommene Leistung wird aus einer getrennten Energiequelle gedeckt bzw. es liegt Permanentmagneterregung vor, so kann man aus Gl. (3.16) die Abhängigkeit der Winkelgeschwindigkeit vom Drehmoment berechnen, wenn man entsprechend Gl. (3.9) berücksichtigt, dass

$$I = \frac{M}{k \cdot \Phi} \tag{3.17}$$

$$\Omega = \frac{U_A - 2U_B}{k \cdot \Phi} - \frac{R_A}{(k \cdot \Phi)^2} \cdot M \tag{3.18}$$

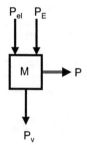

Bild 3.7 Energiebilanz bei Motorbetrieb

M ist das vom Motor entwickelte elektrische Moment. Das Reibungsmoment der Maschine (Lager-, Luft- und Bürstenreibung) wird vernachlässigt. Die Bemessungsleistung eines Motors ist stets die abgegebene mechanische Leistung.

Mit den Gleichungen (3.17) und (3.18) lässt sich das stationäre Betriebsverhalten der Gleichstrommaschine hinreichend beschreiben. Die stationären Kennlinien des Motors sind im Bild 3.8 dargestellt. Die gestrichelten Verläufe ergeben sich als Folge der Ankerrückwirkung, d.h. der Auswirkung des vom Ankerstrom verursachten Ankerquerfeldes, das bei Maschinen ohne Kompensationswicklung zu einer Verringerung des resultierenden Feldes führt. Der sich daraus ergebende Drehzahlanstieg bei steigender Belastung ist kritisch und kann zu Stabilitätsproblemen führen (vgl. Abschnitt 2.5). Aus diesen Gründen sind Gleichstrommotoren nur relativ gering überlastbar:

$M_{max}/M_n = 1{,}6 \dots 1{,}8$ bei unkompensierten Maschinen,

$M_{max}/M_n = 2{,}0 \dots 2{,}2$ bei kompensierten Maschinen.

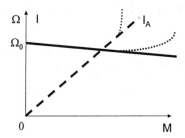

Bild 3.8 Stationäre Kennlinien des fremderregten Gleichstrommotors

3.2.2.2 Drehzahlstellen

Grundsätzlich ist zwischen *verlustlosen*, *verlustarmen* und *verlustbehafteten* Drehzahlstellverfahren zu unterscheiden. Während bei verlustlosen Verfahren die Verluste im gesamten Drehzahlstellbereich etwa konstant bleiben, tritt bei verlustbehafteten Verfahren eine wesentliche
Verlusterhöhung auf, so dass diese Methoden nur für Motoren kleiner Leistung bzw. für kurzzeitige Drehzahlbeeinflussungen oder Steuerung von Anlaufvorgängen geeignet sind. Die
verlustlosen und verlustarmen Verfahren eignen sich dagegen für Dauerbetrieb. Bei den verlustarmen Verfahren erhöhen sich zwar die Verluste auch, aber der Wirkungsgrad bleibt etwa
konstant.

Aus Gl. (3.18) lässt sich ablesen, welche Parameter zur Beeinflussung der Drehzahl dienen
können. Man erkennt drei Möglichkeiten:

- Veränderung der Ankerspannung,

- Veränderung des Ankerkreiswiderstandes durch einen Vorwiderstand,

- Veränderung des Erregerflusses.

Veränderung der Ankerspannung

Die Ankerspannung bestimmt den vom Drehmoment unabhängigen Teil der Gl. (3.18), d.h. die
Leerlaufdrehzahl. Durch Veränderung der Ankerspannung wird die Drehzahl-Drehmoment-
Kennlinie, die durch diese Gleichung beschrieben wird, parallel verschoben. Die Stromaufnahme der Maschine wird durch die Ankerspannung nicht beeinflusst (Bild 3.9). Die Drehzahl
des Motors stellt sich immer so ein, dass die Differenz zwischen Ankerklemmenspannung und
induzierter Spannung den für das Drehmoment erforderlichen Strom antreibt. Demzufolge
bleiben auch die Stromwärmeverluste im Anker im gesamten Drehzahlstellbereich konstant. Es
handelt sich also hier um ein verlustloses Dreh-zahlstellverfahren. Die höchste zulässige Ankerspannung ist die Bemessungsspannung des Motors, so dass nur eine Spannungsänderung im
Sinne einer Verringerung erfolgen kann. Die Bemessungsspannung ist durch die maximal
mögliche Spannung zwischen zwei Kommutatorlamellen festgelegt.

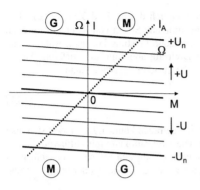

Bei der Umkehr der Polarität der Ankerspannung ändert der Motor seine Drehrichtung. Es ist zu beachten, dass mit sinkender Drehzahl das Wärmeabgabevermögen des Motors verringert wird, sofern es sich nicht um einen fremdbelüfteten Motor handelt. Soll der Motor im gesamten Drehzahlstellbereich mit seinem Bemessungs-Moment belastet werden, muss unbedingt ein derart gekühlter Motor eingesetzt werden.

Bild 3.9 Stationäre Kennlinien bei Spannungssteuerung

Die Spannungssteuerung eines Gleichstrommotors gestattet je nach technischem Aufwand sehr große Drehzahlstellbereiche (1 : 100 ...1 : 10 000). Als Stellglieder kommen in Betracht:

- Stromrichterstellglieder in Form des gesteuerten netzgelöschten Gleichrichters oder des selbstgelöschten Pulsstellers,

- Transistorverstärker,

- Stelltransformator mit nachgeschaltetem Diodengleichrichter,

- Spannungsteiler bei sehr kleinen Leistungen.

Stromrichterantriebe sind heute die wichtigste Anwendung der Spannungssteuerung. Es handelt sich hierbei fast ausschließlich um geregelte Antriebe für Be- und Verarbeitungsmaschinen, Walzwerke, Förderanlagen, Fahrzeuge usw. bis zu sehr großen Leistungen.

Veränderung des Ankerwiderstandes

Durch Vorschalten eines Widerstandes R_v, der hier als Stellglied fungiert (Bild 3.10), kann der Ankerkreiswiderstand erhöht werden. Da bei konstantem Erregerfluss Φ der vom Motor aufgenommene Strom nur durch das Moment bestimmt wird (vgl. Gl. (3.17)), ergibt sich über dem Vorwiderstand R_v ein zusätzlicher Spannungsabfall, der eine Verringerung der Drehzahl zur Folge hat:

$$\Omega = \frac{U_A}{k \cdot \Phi} - \frac{R_A + R_v}{(k \cdot \Phi)^2} \cdot M \tag{3.19}$$

Die ideelle Leerlaufwinkelgeschwindigkeit

$$\Omega_0 = \frac{U_A}{k \cdot \Phi} \tag{3.20}$$

wird durch den Vorwiderstand nicht beeinflusst, so dass sich die im Bild 3.11 dargestellten Kennlinien ergeben. Da, wie bereits gesagt, der aufgenommene Strom von R_v unabhängig ist, bleibt bei gegebenem Moment die aufgenommene elektrische Leistung konstant, während die abgegebene mechanische Leistung entsprechend der Drehzahl abnimmt. die Differenz beider Leistungen sind die Verluste im Ankerkreis, wobei die Verluste im Vorwiderstand

$$P_{vzus} = I_A^2 \cdot R_v \tag{3.21}$$

ein Vielfaches der Bemessungslastverluste der Maschine betragen können. Es handelt sich also hier um ein verlustbehaftetes Drehzahlstellverfahren. Die Drehzahl kann mit Hilfe von Ankervorwiderständen stetig oder stufig zwischen Bemessungsdrehzahl und Stillstand verstellt werden. Anwendung findet dieses Verfahren nur für Motoren kleiner Leistung oder zur Steuerung von Anlaufvorgängen.

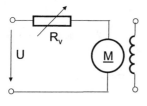

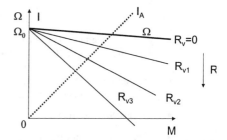

Bild 3.10 Betrieb mit Ankervorwiderstand   **Bild 3.11** Einfluss des Ankervorwiderstandes
auf die stationären Kennlinien

Veränderung des Erregerflusses

Eine Veränderung des magnetischen Flusses ist nur bei Maschinen mit Erregerwicklung möglich. Infolge der hohen Ausnutzung moderner Gleichstrommaschinen, bei denen der Bemessungserregerfluss etwa dem Sättigungsfluss entspricht (Bild 3.12), tritt bei Vergrößerung des Erregerstromes keine Erhöhung des Flusses ein. Eine Veränderung des Flusses ist deshalb nur im Sinne einer Feldschwächung möglich. Die Auswirkung dieser Feldverringerung auf die Winkelgeschwindigkeit und auf den Strom kann man aus den Gleichungen (3.17) und (3.18) ablesen. Bei Verringerung des Flusses erhöht sich die Leerlaufdrehzahl und außerdem vergrößert sich der Anstieg der Drehzahl-Drehmoment-Kennlinie. In gleichem Maße, wie das Feld geschwächt wird, erhöht sich die Stromaufnahme. Das Prinzipschaltbild für dieses Verfahren ist im Bild 3.13 gezeigt. Der Spannungsteiler ist in diesem Falle das Stellglied. Die zugehörigen stationären Kennlinien gibt Bild 3.14 wieder.

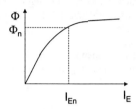

Bild 3.12 Magnetisierungskennlinie

$$\eta = \frac{P_{ab}}{P_{zu}} = \frac{P_{mech}}{P_{mech} + P_v} \tag{3.22}$$

Infolge der vergrößerten Stromaufnahme wachsen die Lastverluste der Maschine. Da aber auf Grund der Drehzahlerhöhung auch die mechanische Leistung zunimmt, bleibt der Wirkungsgrad des Motors etwa konstant. Deshalb wird dieses Drehzahlstellverfahren als verlustarm bezeichnet. Die Belastbarkeit des Motors ist durch den thermisch zulässigen Bemessungsstrom I_n begrenzt. Es muss gelten

$$\frac{M}{k \cdot \Phi} = I = I_n \tag{3.23}$$

oder

$$\frac{M}{M_n} = \frac{\Phi}{\Phi_n} = \frac{1}{\dfrac{\Omega}{\Omega_n}} \tag{3.24}$$

für Drehzahlen oberhalb der Bemessungsdrehzahl bzw. -winkelgeschwindigkeit Ω_n. Für die mechanische Leistung folgt aus Gl. (3.24)

$$\frac{P}{P_n} = \frac{M \cdot \Omega}{M_n \cdot \Omega_n} = konst. \tag{3.25}$$

(s.a. Bild 3.15).

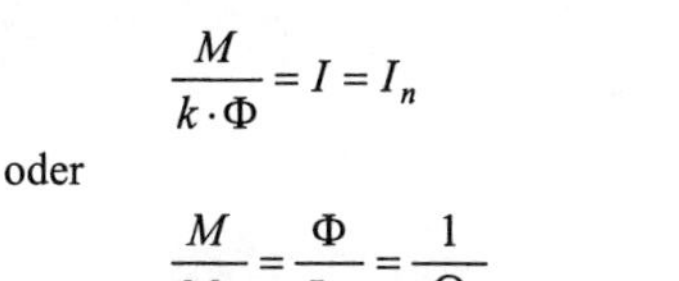

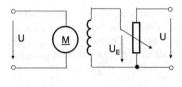

Bild 3.13 Schaltung zur Feldsteuerung

Bild 3.14 Stationäre Kennlinien bei Betrieb mit Feldschwächung

Da sich mit steigendem Strom und kleiner werdendem Fluss die Kommutierung der Maschine verschlechtert, kann bei normalen Motoren das Feld nur im Verhältnis 1:1,2 ... 1,5 verringert werden. Bei Stellmotoren beträgt der Feldstellbereich 1:3 ... 5.

Die Drehzahlverstellung ist stetig möglich. Als Stellglieder kommen auch hier Stromrichter in Betracht. Anwendung findet die Feldsteuerung meist in Verbindung mit einer Ankerspannungssteuerung zur Erweiterung des Stellbereiches.

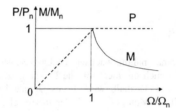

Bild 3.15 Zulässige Belastung im Feldstellbereich

Zur Selbstkontrolle

- Weisen Sie nach, dass der Arbeitspunkt eines mit einem Reibungsmoment belasteten fremderregten Gleichstrommotors instabil ist, wenn die Ankerrückwirkung einen Drehzahlanstieg bei wachsendem Moment bewirkt (s.a. Bild 3.8)!

- Geben Sie für den fremderregten Gleichstrommotor Möglichkeiten zur Drehzahlsteuerung an! Zeichnen Sie für die einzelnen Verfahren Prinzipschaltungen sowie die Kennlinien $\Omega = f(M)$ und $I = f(M)$!
  Vergleichen Sie die Verfahren hinsichtlich der Verluste, des Stellbereiches und des Aufwandes!

3.2.2.3 Anlassen

Beim Anlassen kommt es darauf an, das Antriebssystem aus dem Stillstand in gewünschten Bewegungszustand zu bringen. Dabei muss der Motor das für den Anlaufvorgang notwendige Moment entwickeln, darf aber andererseits den zulässigen Maximalstrom (z.B. 2 I_n) nicht überschreiten. Die meisten Drehzahlstellverfahren sind auch als Anlassverfahren geeignet. Für die Gleichstrommaschine sind drei Methoden wichtig:

- direktes Einschalten,

- Anlassen über Ankervorwiderstände,

- Anlassen über die Ankerspannung.

Direktes Einschalten

Bei Stillstand des Motors ist die induzierte Spannung im Anker entsprechend Gleichung (3.5) Null, so dass im Einschaltaugenblick der Strom nur durch den ohmschen Widerstand R_A des Ankers begrenzt wird. Aus Gleichung (3.16) folgt die Spannungsgleichung des Ankerkreises

$$U_A = I_A \cdot R_A + k \cdot \Phi \cdot \Omega \qquad (3.26)$$

Mithin ist der Anlaufstrom

$$I_{Aa} = \frac{U}{R_A} \qquad (3.27)$$

Der Ankerwiderstand hat vor allem bei Maschinen großer Leistung sehr kleine Werte. Der Einschaltstrom I_{Aa} wird sehr groß. Er übersteigt den zulässigen Ankerstrom um ein Vielfaches. Deshalb ist das direkte Einschalten von Gleichstrommotoren nur zulässig, wenn der Ankerwiderstand entsprechend groß ist. Das ist aber nur bei Motoren kleiner Leistung der Fall. Insgesamt kann festgestellt werden, dass aus den genannten Gründen das direkte Einschalten derartiger Motoren nur für Leistungen $P_n \le 1\,\text{kW}$ möglich ist.

Anlassen über Ankervorwiderstände

Aus den Ausführungen des vorangegangenen Anschnittes erkennt man, dass es bei größeren Motoren notwendig ist, den Ankerkreiswiderstand soweit zu vergrößern, dass der vom Hersteller vorgegebene Maximalstrom nicht überschritten wird. Die dazu erforderlichen Vorwiderstände werden im Allgemeinen in einzelnen Stufen abgeschaltet oder kurzgeschlossen. Für einen k-stufigen Anlasser (Bild 3.16) gilt bei Stillstand des Motors:

$$I_2 = \frac{U}{R_k} \qquad (3.28)$$

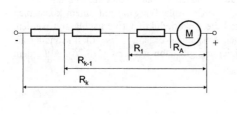 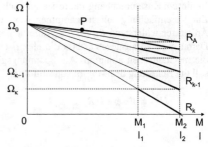

Bild 3.16 Anlassen über Ankervorwiderstände

Der Motor läuft auf der zum Widerstand R_k gehörenden Kennlinie bis zu einer Winkelgeschwindigkeit Ω_k an, der das Drehmoment M_1 und damit der Strom I_1 entspricht. Zu diesem Zeitpunkt wird ein Teil des Anlassers kurzgeschlossen, wodurch der Arbeitspunkt auf die neue, zum Widerstand R_{k-1} gehörende Kennlinie springt. Bei der Winkelgeschwindigkeit Ω_k gilt deshalb

$$U = k \cdot \Phi \cdot \Omega_k + R_k \cdot I_1 = k \cdot \Phi \cdot \Omega_k + R_{k-1} \cdot I_2 \tag{3.29}$$

woraus man abliest

$$R_k \cdot I_1 = R_{k-1} \cdot I_2 \tag{3.30}$$

Definiert man für das Schaltverhältnis

$$\lambda = \frac{M_2}{M_1} = \frac{I_2}{I_1} = \frac{R_k}{R_{k-1}} = \ldots = \frac{R_1}{R_A} \tag{3.31}$$

so kann man feststellen, dass die Vorwiderstände eine geometrische Reihe bilden, die sich wie folgt beschreiben lässt:

$$R_k = R_A \cdot \lambda^k \tag{3.32}$$

Aus dieser Beziehung liest man die Anzahl der erforderlichen Widerstandsstufen ab:

$$k = \frac{\log\left(\dfrac{R_k}{R_A}\right)}{\log \lambda} \tag{3.33}$$

In diesem Zusammenhang interessieren auch die zeitlichen Verläufe von Drehzahl und Strom. Zur Vereinfachung soll angenommen werden, dass der Anlaufvorgang mit einem konstanten Ankerkreiswiderstand R_k erfolgt. Außerdem soll die Ankerinduktivität vernachlässigt werden. Damit wird vorausgesetzt, dass die elektrischen Ausgleichsvorgänge wesentlich schneller als die mechanischen ablaufen. Als Spannungsgleichung gilt dann wieder Gl. (3.26). Außerdem soll die Belastung des Motors konstant sein:

$$U = k \cdot \Phi \cdot \omega + i \cdot R_k \tag{3.34}$$

mit

$$i = \frac{m}{k \cdot \Phi} \tag{3.35}$$

und

$$m = M_A + J \cdot \frac{d\omega}{dt} \tag{3.36}$$

Aus Gl.(3.34) erhält man mit den Gleichungen (3.35) und (3.36)

$$U = k \cdot \Phi \cdot \omega + \frac{R_k \cdot M_A}{k \cdot \Phi} + \frac{R_k \cdot J}{k \cdot \Phi} \frac{d\omega}{dt} \tag{3.37}$$

$$\frac{U}{k \cdot \Phi} - \frac{R_k \cdot M_A}{(k \cdot \Phi)^2} = \omega + T_M \cdot \frac{d\omega}{dt} \tag{3.38}$$

mit der mechanischen Zeitkonstante

$$T_M = \frac{J \cdot R_k}{(k \cdot \Phi)^2} \tag{3.39}$$

Die Lösung dieser Differenzialgleichung ist

$$\omega = \Omega_1 \left(1 - e^{-\frac{t}{T_M}} \right) \tag{3.40}$$

wobei

$$\Omega_1 = \frac{U}{k \cdot \Phi} - \frac{R_k \cdot M_A}{(k \cdot \Phi)^2} \tag{3.41}$$

die stationäre Drehzahl des sich einstellenden Arbeitspunktes ist (Bild 3.17).

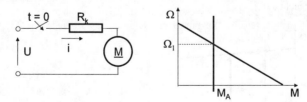

Bild 3.17 Anlauf mit festem Vorwiderstand

Den zeitlichen Stromverlauf ermittelt man durch Einsetzen von Gleichung (3.40) in die Bewegungsgleichung Gl.(3.36) unter Berücksichtigung von Gl.(3.35)

$$i = \frac{M_A}{k \cdot \Phi} + \left(\frac{U}{R_k} - \frac{M_A}{k \cdot \Phi} \right) \cdot e^{-\frac{t}{T_M}}$$ (3.42)

wobei $M_A/(k\Phi)$ den durch die stationäre Belastung hervorgerufenen Strom darstellt. Die zeitlichen Verläufe von ω und i sind im Bild 3.18 aufgezeichnet. Wiederholen sich derartige Schaltvorgänge bei einem mehrstufigen Anlasser, so setzen sich die Zeitfunktionen von Drehzahl und Strom aus entsprechenden Abschnitten der oben abgeleiteten e-Funktionen zusammen.

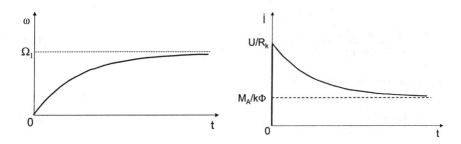

Bild 3.18 Zeitlicher Verlauf von Drehzahl und Strom beim Anlassen

Anlassen über die Ankerspannung

Dieses Anlassverfahren wird angewendet, wenn entsprechende Stellglieder ohnehin zur Drehzahlstellung erforderlich sind, also z.B. bei Stromrichterantrieben. Hierbei handelt es sich meistens um hochwertige Antriebe, die mit Drehzahl- und Stromregelungen ausgestattet sind. Die Drehzahlregelung gibt während des Anlaufvorganges dem Stromregelkreis einen konstanten Sollwert vor, wodurch der Anlaufvorgang mit konstantem Strom und damit auch mit konstantem (meist maximal zulässigem) Moment kontinuierlich erfolgt. Nach Erreichen der maximalen Spannung (Bemessungsspannung) läuft der Motor auf seiner natürlichen Kennlinie bis zum stationären Arbeitspunkt (Bild 3.19). Eine Stoßbeanspruchung der Kupplung, des Getriebes und der Arbeitsmaschine durch Drehmomentsprünge wie beim k-stufigen Widerstandsanlasser tritt hier nicht auf.

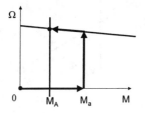

Bild 3.19
Anlauf mit konstantem Moment

Zur Übung

3.1   Für einen Gleichstrommotor mit $U_n = 440$ V, $I_n = 35$ A ist ein Widerstandsanlasser zu dimensionieren.
Der maximal zulässige Strom beträgt $2\,I_n$. Die Umschaltung auf die nächste Widerstandsstufe soll bei I_n erfolgen. Der Ankerwiderstand des Motors beträgt 0,2 Ω.

Berechnen Sie die Stufenzahl und die Widerstandswerte des Anlassers!

3.2.2.4   Bremsen

Bei der Betrachtung von Bremsvorgängen sind zwei Problemstellungen zu unterscheiden:

a)   Stillsetzen des Antriebssystems
Der Arbeitspunkt P muss durch geeignete Maßnahmen in den Koordinatenursprung gebracht werden (Bild 3.20a). Die Bremseinrichtung muss die dem Arbeitpunkt entsprechende kinetische Energie aufnehmen.

b)   Absenken durchziehender Lasten
Bei Arbeitsmechanismen zur Überwindung der Schwerkraft werden zum Absenken stabile Arbeitspunkte im 4. Quadranten des Ω-M-Kennlinienfeldes benötigt (Bild 3.20b). Die Bremseinrichtung muss in der Lage sein, die durch das Absenken freiwerdende Energie aufzunehmen.

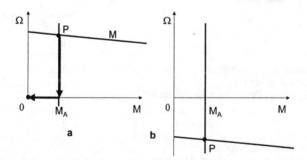

Bild 3.20   Bremsen von Antriebssystemen
a) Stillsetzen
b) Absenken durchziehender Lasten

Folgende Bremsverfahren sind bei Gleichstrommaschinen zu unterscheiden:

- Nutzbremsung,
- Widerstandsbremsung,
- Gegenstrombremsung.

Nutzbremsung

a) Stillsetzen des Antriebssystems
    Nutzbremsung bedeutet, dass die Maschine elektrische Energie ins Netz zurückspeist. Sie
    muss demnach als Generator arbeiten. Der Übergang vom Motor- in den Generatorbetrieb
    erfolgt stetig, wenn die ideelle Leerlaufwinkelgeschwindigkeit Ω_0 überschritten wird. Die-
    se Leerlaufwinkelgeschwindigkeit ist der Klemmenspannung des Motors direkt proportio-
    nal (Gleichung (3.20)). Man kann also durch Herabsetzen der Ankerspannung um einen
    kleinen Wert ΔU erreichen, dass sich der Arbeitspunkt P_1 des Antriebssystems in den 2.
    Quadranten verlagert (Bild 3.21b), denn unmittelbar nach einer sprunghaften Spannungs-
    änderung ist die Drehzahl des System infolge der Trägheit der rotierenden Massen noch
    konstant. Lässt man die Klemmenspannung unverändert, so wird der Antrieb abgebremst,
    bis sich der neue Arbeitspunkt P_2 einstellt. Kann man aber die Klemmenspannung konti-
    nuierlich bis auf Null herabsteuern, so ergibt sich ein konstantes Bremsmoment M_{br}, wenn
    eine Ankerstromregelung erfolgt. Der Antrieb kommt so zum Stillstand.

    Eine derartige generatorische Bremsung ist mit einem steuerbaren Stromrichter durchführ-
    bar (Bild 3.21a).

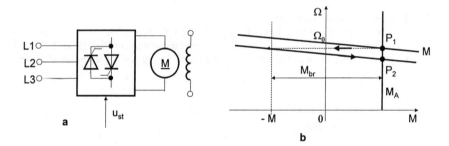

Bild 3.21   Nutzbremsung (Stillsetzen)
              a) Prinzipschaltbild
              b) Drehzahl-Drehmoment-Kennlinienfeld

b) Absenken durchziehender Lasten
    Um die Arbeitspunkte in den 4. Quadranten zu verlegen, muss man die Drehrichtung der
    Maschine ändern, d.h. die Ankerspannung umpolen. Man erkennt im Bild 3.22b, dass sich
    stabile Arbeitspunkte ergeben. Falls das Absenken mit veränderlichen Drehzahlen erfolgen
    soll, muss auch hier die Ankerspannung einstellbar sein. Das kann wiederum mittels eines
    steuerbaren Stromrichters geschehen (Bild 3.22a). In jedem Falle wird die von der Ar-
    beitsmaschine gelieferte Energie ins Netz zurückgespeist; es tritt keine zusätzliche thermi-
    sche Beanspruchung des Motors auf, wie weiter unten noch gezeigt wird.

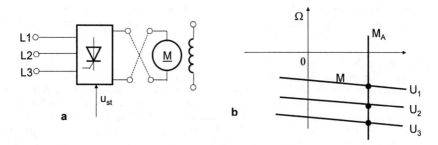

Bild 3.22 Nutzbremsung (Absenken)
a) Prinzipschaltbild
b) Drehzahl-Drehmoment-Kennlinienfeld

Widerstandsbremsung

a) Stillsetzen des Antriebssystems
Der Motor wird vom Netz getrennt und der Ankerkreis über ohmsche Widerstände geschlossen (Bild 3.23a). Die durch das Erregerfeld im Anker induzierte Spannung U_0 treibt einen Strom durch diese Widerstände an, d.h., die Gleichstrommaschine wirkt jetzt wie ein Gleichstromgenerator mit Widerstandslast. Durch das Kurzschließen des Ankers wird die Klemmenspannung $U_A = 0$; Gleichung (3.19) nimmt damit die Form

$$\Omega = -M \cdot \frac{R_A + R_v}{(k \cdot \Phi)^2} \tag{3.43}$$

an.

Der Strom ist

$$I = \frac{U_0}{R_a + R_v} \tag{3.44}$$

Durch geeignete Wahl des Vorwiderstandes R_v kann das Bremsmoment in gewissen Grenzen eingestellt werden (Bild 3.23). Zu Beginn des Bremsvorganges hat das System noch die zum Arbeitspunkt P_1 gehörende Winkelgeschwindigkeit Ω_1. Die durch den Vorwiderstand R_{v1} gegebene neue Bremskennlinie legt das zu Ω_1 gehörende Bremsmoment $-M_1$ fest. Das auf das gesamte System wirkende Bremsmoment ergibt sich aus der Differenz zwischen dem Moment der Arbeitsmaschine und dem Motormoment:

$$M_{br} = M_A - M = M_A + M_1 \tag{3.45}$$

Bei Stillstand ($\Omega = 0$) entwickelt die Anordnung kein Bremsmoment mehr, da die im Anker induzierte Spannung Null ist. Deshalb muss besonders bei Fahrzeugantrieben, die mit einer derartigen Bremsschaltung ausgerüstet sind, noch eine zusätzliche mechanische Bremse zur Arretierung vorhanden sein.

b) Absenken durchziehender Lasten
Auch hier wird der Bremsvorgang durch Trennen vom Netz und Schließen des Ankerkreises über Vorwiderstände eingeleitet. Die Motorkennlinien werden wieder durch Gleichung (3.43) beschrieben. Als Folge des aktiven Widerstandsmomentes (durchziehende Last) ergeben sich Arbeitspunkte im 4. Quadranten (Bild 3.23c). Sowohl beim Stillsetzen als auch beim Senkbetrieb arbeitet die Gleichstrommaschine als Generator. Die gesamte vom Antriebssystem gelieferte mechanische Energie wird im Vorwiderstand R_v und im Ankerwiderstand R_A in Wärme umgesetzt. Es tritt durch den Bremsvorgang keine erhöhte thermische Beanspruchung des Motors auf.

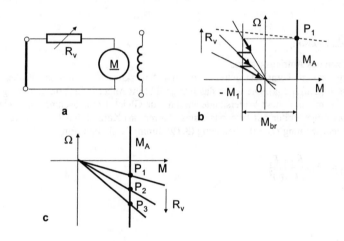

Bild 3.23 Widerstandsbremsung
a) Schaltung,
b) Stillsetzen,
c) Absenken durchziehender Lasten

Gegenstrombremsung

a) Stillsetzen des Antriebssystems
Der Bremsvorgang wird dadurch eingeleitet, dass der Motor vom Netz getrennt wird. Nach Einschalten eines entsprechend großen Widerstandes R_v wird die Spannung mit umgekehrter Polarität an den Anker gelegt (Bild 3.24a). Die Ω-M-Kennlinien im Gegenstrombremsbetrieb werden durch die Gleichung (3.19) beschrieben:

$$\Omega = -\frac{U_A}{k \cdot \Phi} - M \cdot \frac{R_A + R_v}{(k \cdot \Phi)^2} \tag{3.46}$$

Der Widerstand R_v ist unbedingt notwendig, da nach dem Umpolen der Klemmenspannung diese die gleiche Richtung wie die induzierte Spannung hat. Die Summe beider Spannungen würde einen sehr großen Strom antreiben, falls $R_v = 0$ ist.

Auch hier springt der Arbeitspunkt P_1 bei zunächst unveränderter Winkelgeschwindigkeit Ω_1 auf die neue Bremskennlinie, wodurch das Moment $- M_1$ erzeugt wird. Der Arbeitspunkt kann auf dieser Kennlinie bis zum Stillstand des Systems laufen. Es kann aber auch durch Verringern von R_v das Bremsmoment in gewissen Grenzen verstellt werden (Bild 3.24b). Beim Stillsetzen durch Gegenstrombremsen ist besonders bei kleinen Belastungen M_A zu beachten, dass das Reibungsmoment bei Stillstand sein Vorzeichen umkehrt, so dass jetzt die Vorzeichen von M und M_A übereinstimmen und ein Anlauf in Gegendrehrichtung erfolgen kann, wenn $|M| > |M_A|$ ist. Deshalb muss dafür gesorgt werden, dass der Motor bei Stillstand des Antriebes vom Netz getrennt wird.

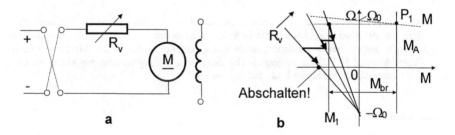

Bild 3.24   Gegenstrombremsung (Stillsetzen)
a) Prinzipschaltbild
b) Drehzahl-Drehmoment-Kennlinienfeld

b) Absenken durchziehender Lasten
Der Übergang in den Gegenstrombremsbetrieb wird hier durch Vergrößern des Widerstandes im Ankerkreis bei gleichbleibender Polarität der Ankerspannung erreicht. Hat der Ankervorwiderstand eine bestimmte Größe überschritten, kehrt sich die Drehrichtung des Motors um. Durch weitere Vergrößerung von R_v lässt sich die Senkgeschwindigkeit der Last entsprechend erhöhen (Bild 3.25).

Die Drehzahl-Drehmoment-Kennlinien werden durch

$$\Omega = \frac{U_A}{k \cdot \Phi} - M \cdot \frac{R_A + R_v}{(k \cdot \Phi)^2} \tag{3.47}$$

beschrieben.

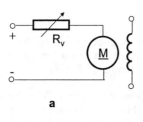 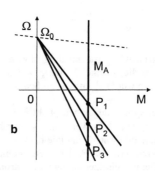

Bild 3.25   Gegenstrombremsung (Absenken)
a) Prinzipschaltbild
b) Drehzahl-Drehmoment-Kennlinienfeld

Die energetischen Verhältnisse beim Gegenstrombremsbetrieb sind dadurch gekennzeichnet, dass die Maschine sowohl elektrische Energie aus dem Netz als auch die mechanische Energie des Antriebes aufnimmt. Beide Energieanteile werden in der Maschine und im Vorwiderstand in Wärme umgesetzt. Die thermische Beanspruchung der Maschine kann hier wesentlich höher als im Motorbetrieb werden.

Zur Selbstkontrolle

-   Skizzieren Sie die Prinzipschaltbilder und die zugehörigen Drehzahl-Drehmoment-Kennlinien für Gegenstrombremsbetrieb

    a) zum Stillsetzen des Antriebes
    Zeichnen Sie den Verlauf des Arbeitspunktes für zwei Widerstandsstufen ein! Was ist bei Stillstand des Antriebes zu beachten?

    b) zum Absenken durchziehender Lasten mit drei unterschiedlichen Geschwindigkeiten!

3.2.3 Gleichstromreihenschlussmotor

3.2.3.1 Aufbau und Wirkungsweise

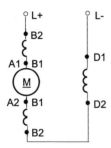

Bild 3.26
Schaltung des Gleichstromreihenschlussmotors

Der Aufbau entspricht dem des fremderregten Gleichstrommotors. Zum Unterschied von diesem ist die Erregerwicklung aber mit dem Anker in Reihe geschaltet (Bild 3.26), so dass der Ankerstrom gleichzeitig der Erregerstrom ist. Die Klemmenbezeichnungen sind mit denen des fremderregten Gleichstrommotors identisch, lediglich die Klemmen der Reihenschlusserregerwicklung werden mit D1 – D2 bezeichnet. Auch bei der Reihenschlussmaschine werden die induzierte Spannung im Anker und das Drehmoment durch die Gleichungen (3.5) und (3.9) beschrieben. Infolge des belastungsabhängigen Erregerstromes ergeben sich aber für den Fluss besondere Verhältnisse. Man muss zwischen zwei Betriebszuständen unterscheiden:

- Der magnetische Kreis ist nicht gesättigt, d.h. $\Phi \sim i$,

- der magnetische Kreis ist gesättigt, d.h. $\Phi \approx$ konst.

Für den ungesättigten Bereich gilt daher

$$M = k_1 \cdot I^2 \tag{3.48}$$

und für den gesättigten Bereich

$$M = k_2 \cdot I \tag{3.49}$$

Daraus folgt für die Winkelgeschwindigkeit als Funktion des Drehmomentes im ungesättigten Bereich

$$\Omega = \frac{U}{k_3 \cdot \sqrt{M}} - k_4 \tag{3.50}$$

und im gesättigten Bereich

$$\Omega = \frac{U}{k_5} - M \cdot \frac{R_A}{k_6} \tag{3.51}$$

Die Strom-Drehmoment- und die Winkelgeschwindigkeit-Drehmoment-Kennlinie sind im Bild (3.27) dargestellt. Gleichung (3.50) zeigt, dass die Drehzahl bei kleinen Belastungen sehr hohe Werte annehmen kann. Der Leerlauf eines Reihenschlussmotors ist deshalb nicht zulässig. Für die Grenzen der Überlastbarkeit ist bei dieser Maschine die Sättigung der Wendepole maßgebend. Als Richtwert gilt $M_{max}/M_n = 2,5 \ldots 3,5$.

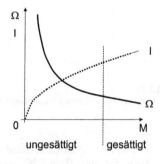

Bild 3.27
Stationäre Kennlinien

3.2.3.2 Drehzahlstellen

Zur Veränderung der Drehzahl bestehen die gleichen Möglichkeiten wie beim fremderregten Gleichstrommotor. Die einzelnen Verfahren sollen deshalb nur kurz genannt werden.

Änderung des Ankerkreiswiderstandes

Die prinzipielle Auswirkung dieser Maßnahme lässt sich aus den Gleichungen (3.50) und (3.51) ablesen. Eine Vergrößerung des Ankerkreiswiderstandes wirkt sich vor allem im gesättigten Bereich auf die Ω-M-Kennlinie aus. Die Stromaufnahme des Motors wird durch den Vorwiderstand nicht beeinflusst.

Änderung des Erregerflusses

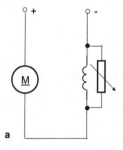

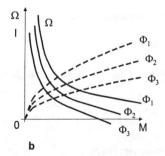

Bild 3.28   Parallelwiderstand zur Erregerwicklung
a) Prinzipschaltbild;
b) Kennlinien für Drehzahl und Strom

Der Erregerfluss kann durch einen Parallelwiderstand zur Erregerwicklung verringert werden. Man erreicht durch diese Maßnahme ähnlich wie beim fremderregten Gleichstrommotor, dass sich Drehzahl und Strom bei gegebenem Moment mit kleiner werdendem Fluss erhöhen (Bild 3.28).

Beim Reihenschlussmotor ist aber in bestimmten Grenzen auch eine Feldverstärkung möglich, solange der Motor im ungesättigten Bereich arbeitet. Das wird durch einen Parallelwiderstand zum Anker erreicht. Dieser Widerstand verursacht einen von der Belastung unabhängigen Strom I_p durch die Erregerwicklung, wodurch die Maschine ihr Reihenschlussverhalten weitgehend verliert. Die ideelle Leerlaufwinkelgeschwindigkeit wird durch den Spannungsabfall über dem Parallelwiderstand bestimmt:

$$\Omega_0 = \frac{R_p \cdot I_p}{k \cdot \Phi(I_p)} \tag{3.52}$$

Durch die Sättigung des Eisenkreises ist es aber nicht möglich, den Fluss $\Phi(I_p)$ beliebig groß zu machen. Deshalb ist der Drehzahlstellbereich bei dieser Methode auf etwa 1 : 4 beschränkt. Die Schaltung und die Kennlinien für dieses Verfahren sind im Bild 3.29 gezeigt. Es ist zu beachten, dass der Ankerstrom I_A infolge des erhöhten Erregerflusses geringer wird als bei Betrieb ohne Ankerparallelwiderstand.

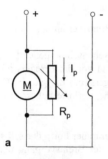 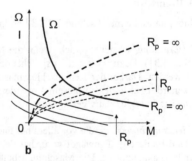

Bild 3.29 Ankerparallelwiderstand
a) Prinzipschaltbild
b) Kennlinien für Drehzahl und Strom

Änderung der Ankerspannung

Reihenschlussmotoren werden vor allem in Fahrzeugantrieben eingesetzt, bei denen das Stellglied sowohl zur Drehzahlsteuerung als auch zur Steuerung des Anfahrvorganges dient.

Dies geschieht mittels ungesteuerter oder gesteuerter netzgelöschter Stromrichter, wenn ein Wechselspannungsnetz zur Verfügung steht (Bild 3.30), oder mittels selbstgelöschter Stromrichter (Pulssteller), wenn eine Gleichspannungsquelle vorhanden ist. Hierbei übernimmt vielfach die Erregerwicklung die Funktion einer Glättungsdrossel. Dadurch ergeben sich kostengünstige Lösungen.

Der Drehzahlstellbereich beträgt bei Spannungssteuerung 1 : 10 ... 80.

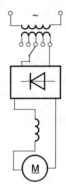

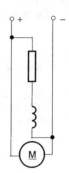

Bild 3.30 Steuerung über Stelltransformator   **Bild 3.31** Schaltung zur Nutzbremsung
und Diodengleichrichter

3.2.3.3 Bremsen

Auch hier gibt es die im Abschnitt 3.2.2.3 beschriebenen drei Bremsverfahren:

Die *Nutzbremsung* ist nur möglich, wenn die Maschine als Nebenschlussgenerator betrieben wird (Bild 3.31). Dazu muss ein entsprechender Vorwiderstand vor die Erregerwicklung geschaltet werden. Da bei der Reihenschlussmaschine der Erregerstrom die gleiche Größe wie der Ankerstrom hat, treten in diesem Vorwiderstand erhebliche Verluste auf, so dass die zurückgespeiste Energie relativ gering ist.

Die *Widerstandsbremsung,* die vor allem bei Fahrzeugantrieben in der Form der selbsterregten Widerstandsbremsung angewandt wird, hat den Vorteil, dass der Bremsvorgang unabhängig von der Netzspannung ist. Die Maschine arbeitet als Reihenschlussgenerator auf einen ohmschen Widerstand. Für das Stillsetzen eines Antriebes sind Schaltbild und Kennlinien im Bild 3.32 dargestellt. Da auch hier bei kleinen Drehzahlen das Bremsmoment sehr klein wird, kann man auch eine fremderregte Widerstandsbremsung anwenden, die aber eine separate Spannungsquelle für die Speisung der Erregerwicklung erfordert.

Die *Gegenstrombremsung* von Reihenschlussmotoren zum Stillsetzten und Absenken wird wie beim fremderregten Gleichstrommotor realisiert. Auch hier treten infolge der Umsetzung von elektrischer und mechanischer Energie in Wärme hohe thermische Beanspruchungen des Motors auf.

Zur Selbstkontrolle

- a) Nennen Sie Möglichkeiten zur Drehzahlsteuerung von Gleichstromreihenschluss-
     motoren!

- b) Zeichnen Sie das Prinzipschaltbild für eine stetige Spannungssteuerung und die zuge-
     hörigen Kennlinien für Drehzahl und Strom in Abhängigkeit vom Drehmoment!

- Ein Reihenschlussmotor soll im Gegenstrombremsbetrieb

   a) zum Stillsetzten

   b) zum Absenken durchziehender Lasten eingesetzt werden.

   Geben Sie das Prinzipschaltbild an, und zeichnen Sie die zugehörigen Drehzahl-
   Drehmoment-Kennlinien. Tragen Sie den Verlauf des Arbeitspunktes ein!

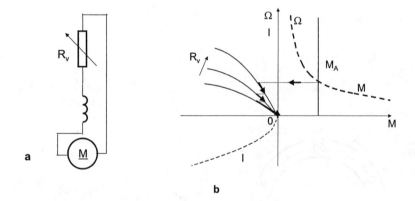

Bild 3.32   Widerstandsbremsung
a) Prinzipschaltbild
b) Kennlinien für Drehzahl und Strom

3.2.4 Drehstromasynchronmotor mit Schleifringläufer

3.2.4.1 Entstehung des Drehfeldes

Die Wirkungsweise des Asynchronmotors beruht auf dem Vorhandensein eines Drehfeldes. Am Beispiel des Dreiphasen-Asynchronmotors soll die Entstehung dieses Drehfeldes erläutert werden. Bild 3.33 zeigt schematisch den Aufbau des Ständers. Jede Ständerspule soll hier nur aus einer Windung bestehen. Die drei Spulen U1 – U2, V1 – V2 und W1 – W2 sind räumlich um 120^0 versetzt angeordnet. Sie werden von drei zeitlich um 120^0 verschobenen Strömen gleicher Amplitude und Frequenz durchflossen (Bild 3.33b), die zum Zeitpunkt ϑ_1 die angegebene Durchflutungsverteilung hervorrufen. Es ergibt sich das eingezeichnete Magnetfeld mit 1 Polpaar (d.h. 1 Nordpol und 1 Südpol). Verfolgt man die Lage des resultierenden Feldes, so kann man feststellen, dass dieses Feld innerhalb einer Periode des speisenden Netzes genau eine Umdrehung ausführt. Die sich damit ergebende Drehzahl des Drehfeldes (synchrone Drehzahl) ist

$$n_S = \frac{f_s}{z_p} \tag{3.53}$$

wenn z_p die Polpaarzahl ist, oder

$$\Omega_S = \frac{2\pi f_s}{z_p} \tag{3.54}$$

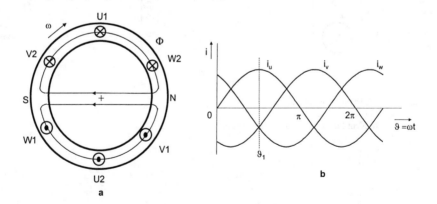

Bild 3.33   Entstehung des Drehfeldes
a) Anordnung der Spulen
b) Zeitlicher Verlauf der speisenden Ströme

Um die Größe des resultierenden Flusses zu bestimmen, werden die drei Spulenflüsse bzw. die ihnen entsprechenden Flussdichten betrachtet:

$$B_u = \hat{B}_0 \cos\vartheta \qquad B_v = \hat{B}_0 \cos(\vartheta - \frac{2\pi}{3}) \qquad B_w = \hat{B}_0 \cos(\vartheta - \frac{4\pi}{3}) \qquad (3.55)$$

Diese drei Wechselfelder sollen zu einem resultierenden Feld zusammengefasst werden. Dazu wird eine komplexe Ebene so in die Maschine gelegt, dass die reelle Achse mit der Achse der Spule U1 – U2 übereinstimmt (Bild 3.34). Dann können die Spulenflüsse als *räumlich* komplexe Größen (Vektoren, Raumzeiger) dargestellt werden:

$$\boldsymbol{B_u} = \hat{B}_0 \cos\vartheta \qquad \boldsymbol{B_v} = \hat{B}_0 \cos(\vartheta - \frac{2\pi}{3}) \cdot e^{j\frac{2\pi}{3}} \qquad \boldsymbol{B_w} = \hat{B}_0 \cos(\vartheta - \frac{4\pi}{3}) \cdot e^{j\frac{4\pi}{3}} \qquad (3.56)$$

Unter Berücksichtigung, dass

$$e^{j\varphi} = \cos\varphi + j\sin\varphi \qquad (3.57)$$

erhält man für das Drehfeld

$$\boldsymbol{B_1} = \boldsymbol{B_u} + \boldsymbol{B_v} + \boldsymbol{B_w} \qquad (3.58)$$

$$\boldsymbol{B_1} = \frac{3}{2}\hat{B}_0 \cdot e^{j\vartheta} \qquad (3.59)$$

mit $\vartheta = \omega t$.

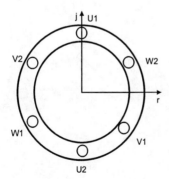

Bild 3.34
Lage der komplexen Ebene

Verallgemeinerung: Speist man *m* Ströme gleicher Amplitude und gleicher Frequenz, die zeitlich um den Winkel $2\pi/m$ zueinander phasenverschoben sind, in ein Spulensystem aus m Spulen, die räumlich um den Winkel $2\pi/m$ gegeneinander versetzt sind, so entsteht ein Kreisdrehfeld, das mit konstanter Amplitude und mit konstanter Winkelgeschwindigkeit rotiert.

3.2.4.2 Aufbau und Wirkungsweise

Der Ständer der Asynchronmaschine trägt eine dreisträngige Wicklung, die in Stern oder in Dreieck geschaltet sein kann. Der Läufer besitzt ebenfalls eine dreisträngige Wicklung, die bei kleineren Maschinen in Stern und bei großen in Dreieck geschaltet ist. Die Wicklungsenden sind an Schleifringe geführt. Das Schaltbild ist im Bild 3.35 dargestellt. An die Schleifringe können Widerstände oder äußere Stromkreise zur Beeinflussung des Verhaltens der Maschine angeschlossen werden. In vielen Fällen werden die Schleifringe nach dem Anlauf kurzgeschlossen. Die Maschine verhält sich dann wie eine Asynchronmaschine mit Kurzschlussläufer.

Wird die Ständerwicklung an ein Drehstromnetz angeschlossen, so entsteht ein Kreisdrehfeld (Abschnitt 3.2.4.1). Das Drehfeld läuft sofort nach dem Einschalten der Maschine mit synchroner Winkelgeschwindigkeit um, die durch Gleichung (3.54) festgelegt ist. Dieses Drehfeld induziert in den Läuferwicklungen Spannungen, die bei geschlossenem Läuferstromkreis Ströme antreiben. Diese Ströme bilden zusammen mit dem Ständerdrehfeld ein Drehmoment. Das Drehmoment ist so gerichtet, dass der Läufer in gleicher Richtung wie das Drehfeld umläuft. Die mechanische Winkelgeschwindigkeit des Läufers Ω wird gerade so groß werden, dass die Größe der induzierten Spannung ausreicht, um einen dem geforderten Drehmoment entsprechenden Strom fließen zu lassen. Eine Spannung kann im Läufer aber nur entstehen, wenn eine Relativbewegung zwischen dem Drehfeld des Ständers und dem Läufer besteht, die Läuferspulen also von einem sich ändernden Fluss durchsetzt sind. Wegen des immer vorhandenen Reibungsmomentes in der Maschine wird der Läufer demzufolge nie die synchrone Drehzahl erreichen können, sondern stets mit einem gewissen *Schlupf* asynchron gegenüber dem Drehfeld laufen. Unter dem Schlupf versteht man die Differenzgeschwindigkeit zwischen Ständerdrehfeld und Läufer:

$$\Omega_r = \Omega_S - \Omega \tag{3.60}$$

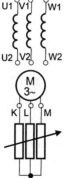

Bild 3.35
Schaltung des Drehstromschleifringläufers

Der Schlupf wird häufig als bezogene Größe angegeben:

$$s = \frac{\Omega_S - \Omega}{\Omega_S} \tag{3.61}$$

Die elektrischen Vorgänge im Läufer laufen mit der Differenzgeschwindigkeit Ω_r ab, deshalb kann für die elektrische Frequenz im Läufer f_r folgende Beziehung zur Netzfrequenz angegeben werden:

$$f_r = s \cdot f_s \tag{3.62}$$

wobei die Indizes

  s - Ständer-
  r - Läufer-
  S - Synchron-

bedeuten. Alle Größen sind Stranggrößen.

Für die im Läufer induzierte Spannung gilt

$$U_{ri} = s \cdot U_{ri0} \tag{3.63}$$

wobei U_{ri0} die bei Stillstand des Läufers ($s = 1$) induzierte Spannung ist (Läuferstillstandsspannung). Diese Spannung steht in einem festen Verhältnis zur Spannung U_{si}, die vom Drehfeld in den Strängen der Ständerwicklung induziert wird:

$$U_{ri0} = \frac{U_{si}}{\ddot{u}} \tag{3.64}$$

$\ddot{u}$ ist das Übersetzungsverhältnis zwischen Ständer- und Läuferwicklung.

Der von der Läuferspannung angetriebene Strom hängt von den Widerständen des Läuferkreises ab. Um übersichtlich Verhältnisse zu behalten, ist es üblich, sämtlich Läufergrößen, wie bei einem Transformator auf die Primärseite, hier auf die Ständerseite, zu beziehen. Die Umrechnungen erfolgen mit dem Übersetzungsverhältnis. Bei gleicher Strangzahl der Ständer- und Läuferwicklung gilt:

$$U_r' = \ddot{u} \cdot U_r \quad , \quad I_r' = \frac{1}{\ddot{u}} \cdot I_r$$

$$R_r' = \ddot{u}^2 \cdot R_r \quad , \quad X_r' = \ddot{u}^2 \cdot X_r$$

Damit lauten die Spannungsgleichungen des Ständers

$$U_s = I_s \, (R_s + jX_{s\sigma}) - U_{si} \tag{3.65}$$

und des Läufers

$$U'_r = I'_r \cdot (R'_r + jX'_{r\sigma}) - U'_{ri} \tag{3.66}$$

Da aber $U'_{ri0} = U_{si}$ ist, kann Gleichung (3.66) mit Hilfe von Gleichung (3.63) auch anders geschrieben werden:

$$\frac{U'_r}{s} = I'_r \cdot (\frac{R'_r}{s} + jX'_{r\sigma}) - U_{si} \tag{3.67}$$

Das aus den Spannungsgleichungen entwickelte Ersatzschaltbild sowie ein vereinfachtes Ersatzschaltbild zeigt Bild 3.36.

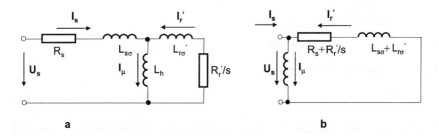

a   b

Bild 3.36 Ersatzschaltbild der Asynchronmaschine
a) vollständig
b) vereinfacht

Dabei wurde vorausgesetzt, dass keine Eisenverluste auftreten und der Leerlaufstrom ein reiner Magnetisierungsstrom ist. Für die Ströme gilt daher

$$I_\mu = I_s + I'_r \tag{3.68}$$

Bei geschlossenem Läuferkreis ist die Läuferklemmenspannung $U'_r/s = 0$. Für die weiteren Betrachtungen muss vorausgesetzt werden, dass der Läuferwiderstand R_r frequenzunabhängig ist, d.h., Stromverdrängungseffekte werden vernachlässigt.

Zur Bestimmung des Betriebsverhaltens ist der Zusammenhang zwischen Schlupf und Drehmoment zu untersuchen. Hierzu soll zunächst der Leistungsumsatz in der Maschine betrachtet werden. Die Asynchronmaschine entnimmt bei Motorbetrieb dem Netz eine elektrische Wirkleistung P_{sel}, die zu einem gewissen Anteil zur Deckung der Verlustleistung P_{vs} im Ständer benötigt wird. Der wesentliche Anteil der Leistung P_{sel} geht aber über das Drehfeld in den Läufer (Bild 3.37). Diese sogenannte Luftspaltleistung entspricht dem Produkt aus Drehmoment und synchroner Winkelgeschwindigkeit

$$P_\delta = M \cdot \Omega_S \tag{3.69}$$

Im Läufer teilt sich die Luftspaltleistung im Wesentlichen in zwei Anteile auf:

Die an der Welle abgegebene mechanische Leistung

$$P = M \cdot \Omega = P_\delta \cdot (1-s)$$ (3.70)

und die elektrische Leistung im Läufer P_{rel}, die z.B. bei Widerstandsbelastung oder bei Kurzschluss des Läufers eine reine Verlustleistung ist

$$P_{rel} = P_\delta - P = P_\delta \cdot s$$ (3.71)

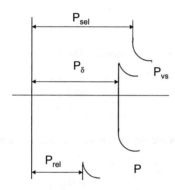

Bild 3.37
Leistungsfluss in der Asynchronmaschine
bei Motorbetrieb

Die bei geschlossenem Läufer umgesetzte elektrische Leistung in einer dreisträngigen Maschine ist

$$P_{rel} = 3 \cdot I_r^{'2} R_r^{'}$$ (3.72)

Mit den Gleichungen (3.71) und (3.69) erhält man daraus eine Beziehung für das Drehmoment

$$M = \frac{3}{\Omega_S} \cdot \frac{R_r^{'}}{s} \cdot I_r^{'2}$$ (3.73)

Den Betrag des bezogenen Läuferstromes $I_r^{'}$ kann man aus den Gleichungen (3.65) und (3.67) bestimmen, wenn der Leerlaufstrom vernachlässigt wird. Dann ergibt sich unter der Voraussetzung $I_r^{'} = -I_s$

$$I_r^{'} = \frac{U_s}{\sqrt{(R_s + R_r^{'}/s)^2 + X_\sigma^2}}$$ (3.74)

wobei

$$X_\sigma = X_{s\sigma} + X'_{r\sigma} \tag{3.75}$$

die gesamte Kurzschlussreaktanz der Maschine darstellt.

Für das Drehmoment gilt damit

$$M = \frac{3}{\Omega_S} \cdot \frac{R'_r / s}{(R_s + R'_r / s)^2 + X_\sigma^2} \cdot U_s^2 \tag{3.76}$$

Diese Funktion besitzt offenbar in Abhängigkeit von s Extremwerte. Bildet man aus Gleichung (3.76)

$$\frac{dM}{ds} = 0 \,,$$

so gewinnt man den Schlupf, bei dem die Extremwerte des Drehmoments auftreten, d.h. den Kippschlupf

$$s_k = \pm \frac{R'_r}{\sqrt{(R_s^2 + X_\sigma^2)}} \approx \pm \frac{R'_r}{X_\sigma} \tag{3.77}$$

Setzt man Gleichung (3.77) in Gleichung (3.76) ein, dann erhält man das Kippmoment

$$M_k = \frac{3}{\Omega_S} \cdot \frac{U_s^2}{2(R_s \pm \sqrt{(R_s^2 + X_\sigma^2)})} \approx \frac{3 \cdot U_s^2}{2 \cdot \Omega_S \cdot X_\sigma} \tag{3.78}$$

Die Näherungen gelten jeweils für große Maschinen, bei denen der ohmsche Ständerwiderstand vergleichsweise klein ist und deshalb vernachlässigt werden kann. Die positiven Vorzeichen gelten für Motor-, die negativen für Generatorbetrieb. Es ist besonders zu beachten, dass das Kippmoment vom Läuferwiderstand R_r nicht beeinflusst wird. Dagegen hängt der Kippschlupf von diesem Widerstand ab und kann durch Einschalten von Zusatzwiderständen über Schleifringe entsprechend eingestellt werden.

Bezieht man das Kippmoment Gl. (3.76) auf das Kippmoment Gl. (3.78), so wird

$$\frac{M}{M_k} = \frac{2(1 + a \cdot s_k)}{\dfrac{s}{s_k} + \dfrac{s_k}{s} + 2a \cdot s_k} \tag{3.79}$$

mit $a = R_s / R_r'$.

Für $R_s = 0$ vereinfacht sich diese Beziehung zu

$$\frac{M}{M_k} = \frac{2}{\dfrac{s}{s_k} + \dfrac{s_k}{s}} \tag{3.80}$$

Mit dieser Gleichung lässt sich die Drehzahl-Drehmoment-Kennlinie der Asynchronmaschine leicht zeichnen. Bei kleinen Belastungen ($s << s_k$) besteht ein linearer Zusammenhang zwischen Drehmoment und Schlupf

$$M = 2M_k \cdot \frac{s}{s_k} \tag{3.80a}$$

während bei großen Belastungen ($s >> s_k$) ein hyperbelähnlicher Zusammenhang vorliegt:

$$M = 2M_k \cdot \frac{s_k}{s} \tag{3.80b}$$

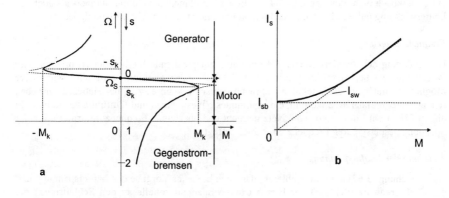

Bild 3.38 Stationäre Kennlinien der Asynchronmaschine
a) Drehzahl-Drehmoment-Kennlinie
b) Strom-Drehmoment-Kennlinie

Die vollständige Kennlinie ist im Bild 3.38 dargestellt. Das Kippmoment beträgt bei Asynchronmaschinen mit Schleifringläufer etwa $(1,6 \ldots 2,5)M_n$. Im normalen Betriebsbereich zwischen Leerlauf und Bemessungsmoment hat die Asynchronmaschine demnach Nebenschlussverhalten. Auch der Strom nimmt etwa proportional mit der Belastung zu. Abweichungen von der Proportionalität sind durch den Blindstrom (Magnetisierungsstrom) bedingt (Bild 3.38b).

Der Leerlaufstrom einer Asynchronmaschine kann 20% ... 40% des Bemessungsstromes bei einem Leerlaufleistungsfaktor $\cos\varphi_0 = 0,05 \ldots 0,1$ betragen. Man erkennt daraus, dass ein unterbelasteter Asynchronmotor mit geringem Leistungsfaktor (und auch mit geringem Wirkungsgrad) arbeitet. Deshalb ist es notwendig, durch sorgfältige Dimensionierung die Motoren möglichst mit Bemessungsbelastung zu betreiben.

Zur Selbstkontrolle

-        Erläutern Sie, weshalb bei der Asynchronmaschine das Drehmoment als Funktion des Schlupfes ein Maximum hat, d.h. nicht beliebig groß werden kann!

3.2.4.3 Drehzahlstellen

Es muss wieder zwischen verlustarmen und verlustbehafteten Verfahren unterschieden werden. Die verlustarmen Verfahren beruhen entweder auf der Veränderung der synchronen Drehzahl durch Änderung der Frequenz der Ständerspannung bzw. durch Änderung der Polpaarzahl oder auf Rückgewinnung der elektrischen Läuferenergie bzw. -leistung P_{rel}. Bei den verlustbehafteten Verfahren wird diese Energie beispielsweise in Widerständen in Wärme umgesetzt.

Polumschaltung

Eine Drehzahländerung durch Polumschaltung wird bei Asynchronmaschinen mit Schleifringläufer praktisch nicht durchgeführt, da bei diesen Maschinen sowohl die Ständer- als auch die Läuferwicklung polumschaltbar ausgeführt werden müssten, was sehr kostspielig ist.

Frequenzsteuerung

Die Änderung der Ständerfrequenz f_s kann durch entsprechende Stellglieder (Umrichter oder Wechselrichter) herbeigeführt werden. Bei Schleifringläufermotoren wird aber von dieser Möglichkeit nur in Ausnahmefällen Gebrauch gemacht, wenn es z.B. bei Hebezeugantrieben (Kräne, Aufzüge) darauf ankommt, ein bestimmtes Niveau genau und feinfühlig anzufahren. In diesen Fällen wird der Motor vom Netz getrennt und über einen Frequenzumformer mit einer Spannung gespeist, deren Frequenz 2 bis 5 Hz beträgt.

Änderung der Läuferspannung

Aus Gleichung (3.67) kann man ablesen, dass sich bei einer Vorgabe der Läuferspannung und der Läuferfrequenz (Schlupf) durch eine externe Spannungsquelle an den Schleifringen die Betriebsverhältnisse in der Maschine so einstellen müssen, dass die Drehzahl dem vorgegebenen Schlupf entspricht. Durch die Größe der vorgegebenen Spannung kann der Energieaustausch mit dem Läufer beeinflusst werden. Schaltungen zur Änderung der Läuferspannung werden als Kaskadenschaltungen bezeichnet.

Man kann zwischen untersynchronen und übersynchronen Schaltungen unterscheiden. Im untersynchronen Betrieb wird dem Läufer der Asynchronmaschine elektrische Leistung $P_\delta s$ entnommen und diese durch den nachgeschalteten Umformer an das Netz abgegeben. Bei übersynchronem Betrieb wird dem Läufer elektrische Leistung $P_\delta s$ (negativer Schlupf) zugeführt, die der Umformer aus dem Netz bezieht.

Die Steuerung der Läuferspannung kann über einen Diodengleichrichter, einen direkten Umrichter oder auch über Läuferzusatzwiderstände erfolgen. Für die Spannungssteuerung über Diodengleichrichter sollen als Beispiel zwei Ausführungsformen der untersynchronen Kaskade betrachtet werden. Durch den Diodengleichrichter kann lediglich der Betrag der Läuferspannung beeinflusst werden. Der Schlupf kann sich entsprechend dem Betrag dieser Spannung einstellen.

Die im Bild 3.39 gezeigte *Stromrichterkaskade* formt über den Läufergleichrichter die aus der Maschine entnommene Schlupfleistung $P_\delta s$ mittels eines Wechselrichters in ein Drehstromsystem um, das mit dem Netz synchronisiert ist. Dadurch kann die Schlupfleistung ins Netz zurückgespeist werden, so dass insgesamt aus dem Netz nur die an der Welle abgegebene mechanische Leistung P_δ *(1 – s)* bezogen wird. Die stationären Kennlinien der Kaskadenschaltung sind im Bild 3.39b dargestellt. Die Typenleistung des Stromrichters hängt von der Größe der umzuformenden Schlupfleistung ab. Deshalb sind Kaskadenschaltungen im allgemeinen nur für kleine Drehzahlstellbereiche (1 : 1,5 ... 2) wirtschaftlich. Darüber hinaus ist der Einsatz von Stromrichterkaskaden wegen des leistungs- und informationselektronischen Aufwandes erst für Leistungen über 200 kW sinnvoll. Hierbei sind vor allem Pumpen- und Verdichterantriebe ein geeignetes Einsatzgebiet.

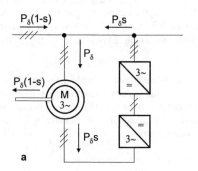
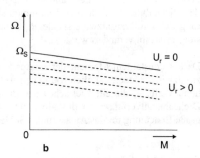

Bild 3.39 Untersynchrone Stromrichterkaskade
a) Prinzipschaltbild
b) Drehzahl-Drehmoment-Kennlinienfeld

Anstelle des Wechselrichters kann der Läufergleichrichter auch auf einen ohmschen Widerstand arbeiten, der durch einen Pulssteller periodisch kurzgeschlossen wird. Dadurch kann der Mittelwert des Widerstandes stetig verstellt werden. Das Prinzip zeigt Bild 3.40. Das Verhalten der Anordnung entspricht dem Verhalten des Schleiringläufers mit Läuferzusatzwiderständen.

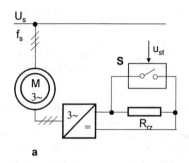
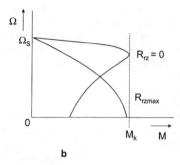

Bild 3.40   Gepulster Läuferzusatzwiderstand
a) Prinzip
b) Drehzahl-Drehmoment-Kennlinien

Änderung des Läuferwiderstandes

Durch zusätzliche ohmsche Widerstände, die an die Schleifringe angeschlossen werden, wird der Läuferwiderstand R_r' vergrößert. Wie bereits im Abschnitt 3.2.4.2 gezeigt wurde, vergrößert sich durch diese Maßnahme der Kippschlupf. Das Kippmoment dagegen bleibt unverändert. Schaltbild und stationäre Kennlinien sind im Bild 3.41 dargestellt. Bei stetiger Veränderung des Läuferzusatzwiderstande R_{rz} kann die Drehzahl stetig zwischen Null und Bemessungsdrehzahl verändert werden.

Da bei konstantem Moment der Läuferstrom etwa konstant bleibt, entstehen in den Läuferzusatzwiderständen (ähnlich wie in den Ankervorwiderständen der Gleichstrommaschine) sehr hohe Verluste, die ein Vielfaches der Bemessungsverluste betragen. Dieses verlustbehaftete Drehzahlstellverfahren ist deshalb nicht für Dauerbetrieb geeignet. Die Schaltung hat aber große Bedeutung für das Anlassen des Schleifringläufermotors.

Steuerung der Ständerspannung

Durch eine Antiparallelschaltung von Thyristoren in den Netzzuleitungen des Motors (Drehstromsteller) kann der Effektivwert der Ständerspannung verändert werden (Bild 3.42). Dadurch wird die stationäre Kennlinie des Motors beeinflusst, denn gemäß Gleichung (3.78) hängt das Kippmoment quadratisch von der Ständerspannung U_s ab. Der Kippschlupf ist dagegen von U_s unabhängig. Um einen genügend großen Stellbereich zu erhalten sowie die thermische Belastung des Motors zu verringern, ist ein Läuferzusatzwiderstand R_{rz} notwendig. Der mögliche Drehzahlstellbereich hängt von der Art des Widerstandsmomentes der Arbeitsmaschine ab. Vorteilhaft wird diese Methode zur Steuerung der Förderleistung von Pumpen und Lüftern angewendet.

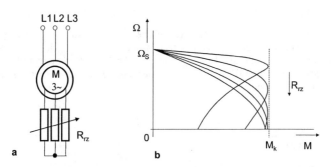

Bild 3.41 Änderung des Läuferwiderstandes
a) Prinzipschaltbild
b) Drehzahl-Drehmoment-Kennlinienfeld

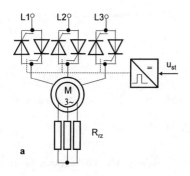

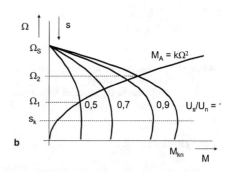

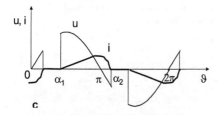

Bild 3.42 Ständerspannungssteuerung
a) Prinzipschaltbild
b) Drehzahl-Drehmoment-Kennlinienfeld
c) Zeitliche Verläufe von Ständerspannung und -strom

Drehzahlstellen mit steuerbaren Bremsen

Zum Einstellen von Schleichdrehzahlen bei Hebezeugen oder Aufzügen werden Asynchronmotoren mit steuerbaren Bremsen (Induktionsbremsen) mechanisch gekuppelt. Das Verhalten
der Anordnung wird durch die Überlagerung der Drehzahl-Drehmoment-Kennlinien von
Bremse und Motor bestimmt (Bild 3.43). Auch hier treten in der Bremse und in den Läu-fer-
widerständen hohe Verluste auf.

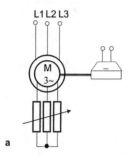 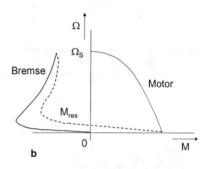

Bild 3.43   Drehzahlstellen mit steuerbaren Bremsen
                a) Prinzipschaltbild
                b) Drehzahl-Drehmoment-Kennlinien

Zur Selbstkontrolle

-       Nennen Sie die wichtigsten Drehzahlstellverfahren für Drehstrom-Schleifring-
        läufermotoren!

        Zeichnen Sie dazu die Prinzipschaltungen und die stationären Kennlinien!
        Beurteilen Sie die Verfahren nach ihrer Anwendbarkeit!

3.2.4.4 Bremsen

Übersynchrones Bremsen

a)   Stillsetzen des Antriebes
     Durch Herabsetzen der Frequenz der Ständerspannung oder durch Änderung der Polpaar-
     zahl ist es möglich, den Arbeitspunkt in den 2. Quadranten des Ω-M-Kennlinienfeldes zu
     verlagern, der dann auf der neuen Kennlinie bis zum Punkt P_2 läuft. Kann man beispiels-
     weise mit einem Frequenzumformer (Wechselrichter) die Frequenz f_s stetig verringern, so
     kann der Antrieb mit einem konstanten Moment $-M_k$ stillgesetzt werden (Bild 3.44).

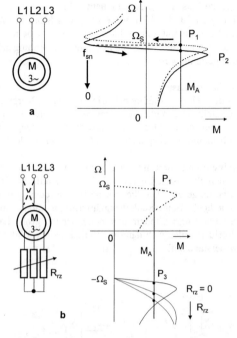

Bild 3.44   Übersynchrones Bremsen
a) Stillsetzen
b) Absenken durchziehender Lasten

b) Absenken durchziehender Lasten
Der Motor wird vom Netz getrennt und nach Vertauschen zweier Netzzuleitungen wieder zugeschaltet. Das Ständerdrehfeld hat jetzt seine Drehrichtung umgekehrt, und die Ω-M-Kennlinie liegt im 3. und 4. Quadranten. Für die durchziehende Last ergibt sich der stationäre Arbeitspunkt P_3. Durch zusätzliche Läuferwiderstände kann die Neigung der Kennlinie und damit die Senkgeschwindigkeit vergrößert werden.

Sowohl beim Stillsetzen als auch beim Absenken nimmt die Maschine mechanische Leistung auf und gibt elektrische Leistung ins Netz ab; sie arbeitet also generatorisch. Die Ströme und Drehmomente haben die gleiche Größe wie im Motorbetrieb; die Maschine wird demnach keiner erhöhten thermischen Beanspruchung unterworfen.

Gegenstrombremsen

a) Stillsetzen des Antriebes
Der Motor wird vom Netz getrennt und nach Vertauschen zweier Phasen erneut zugeschaltet. Die dadurch entstehende Motorkennlinie liegt wieder im 2. und 3. Quadranten. Da die Drehzahl des ursprünglichen Arbeitspunktes P_1 im Umschaltaugenblick noch vor-

handen ist, arbeitet die Maschine jetzt mit einem Schlupf $s > 1$ auf dem im 2. Quadranten liegenden Kennlinienteil (Bild 3.45a) und erzeugt das Moment $-M_1$. Dadurch wird der Antrieb abgebremst und kommt zum Stillstand. Genau wie beim Gegenstrombremsen eines Gleichstrommotors kann die Maschine in Gegendrehrichtung anlaufen, wenn sie bei Ω = 0 nicht vom Netz getrennt wird.

b) Absenken durchziehender Lasten
    Der Übergang in den Gegenstrombremsbetrieb wir durch Vergrößerung der Läuferzusatzwiderstände erreicht. Die Widerstände müssen so weit vergrößert werden, dass sich Schlupfwerte $s > 1$ einstellen. Der Motor läuft dann in entgegengesetzter Drehrichtung, und es ergeben sich stabile Arbeitspunkte im 4. Quadranten (Bild 3.45b).

Beim Gegenstrombremsen nimmt die Maschine sowohl die mechanische Energie des Antriebssystems als auch elektrische Energie aus dem Netz auf. Beide Anteile werden in der Maschine in Wärme umgesetzt. Die thermische Beanspruchung des Motors ist bei dieser Bremsmethode sehr hoch. Beim Schleifringläufermotor kann man die Wärmebeanspruchung der Maschine verringern, indem man entsprechend große Läuferzusatzwiderstände einschaltet. Die Verluste teilen sich dann im Verhältnis der Widerstände auf Motorwicklung und Zusatzwiderstand auf.

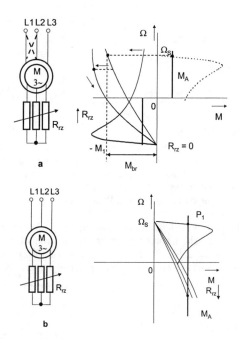

Bild 3.45   Gegenstrombremsen
             a) Stillsetzen
             b) Absenken durchziehender Lasten

Gleichstrombremsung

a) Stillsetzen des Antriebes
Der Motor wird vom Netz getrennt, und die Ständerwicklung wird mit Gleichstrom gespeist. Dazu sind die im Bild 3.46 gezeigten Schaltungsvarianten möglich. Die Größe des Gleichstromes muss so gewählt werden, dass durch das Produkt $K I_g$ der gleiche Magnetisierungszustand wie bei Motorbetrieb am Drehstromnetz erreicht wird. Dazu sind bei normalen 400 V-Maschinen Gleichspannungen von etwa 20 ... 30 V erforderlich.

Die Gleichstromerregung erzeugt in der Asynchronmaschine ein räumlich und zeitlich unveränderliches Magnetfeld im Ständer, in dem der Läufer sich dreht. In diesem wird dadurch eine Spannung induziert, deren Amplitude und Frequenz der Drehzahl des Läufers proportional sind. Der durch diese Spannung angetriebene Strom bildet mit dem Ständerfeld das Bremsmoment. Um brauchbare Bremskennlinien, d.h. einen genügend großen Kippschlupf zu erhalten, müssen verhältnismäßig große Läuferzusatzwiderstände eingeschaltet werden. Die Asynchronmaschine verhält sich dann wie ein Synchrongenerator im Inselbetrieb, der auf einen ohmschen Widerstand arbeitet. die Drehzahl-Drehmoment-Kennlinien sind im Bild 3.47 dargestellt. Durch stetige Änderung des Zusatzwiderstandes kann das Bremsmoment in gewissen Grenzen konstant gehalten werden. Bei Stillstand des Antriebes wird kein Bremsmoment erzeugt.

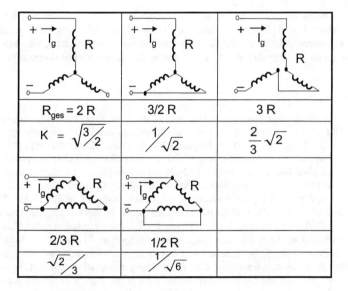

Bild 3.46 Schaltungen der Ständerwicklung zur Gleichstrombremsung

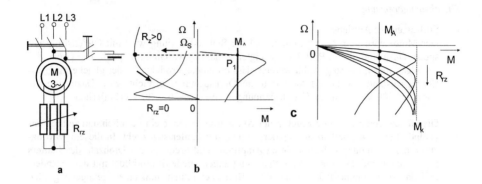

Bild 3.47 Gleichstrombremsung
  a) Schaltbild,
  b) Stillsetzen,
  c) Absenken durchziehender Lasten

b) Absenken durchziehender Lasten

Die Kennlinien im Bild 3.47 zeigen, dass Senkbetrieb ohne weiteres möglich ist. Die Senkgeschwindigkeit kann mit Hilfe der Läuferwiderstände eingestellt werden. Die Gleichstrombremsung ist hinsichtlich der thermischen Beanspruchung des Motors sehr günstig, da im Wesentlichen nur die mechanische Energie als Verlustwärme auftritt.

Einphasenbremsschaltung

Diese Schaltung wird vorzugsweise bei Hebezeugen als Senkbremsschaltung eingesetzt. .Die Maschine wird dazu nur einphasig ans Netz gelegt, wie das aus Bild 3.48 hervorgeht. Durch die einphasige Speisung entsteht in der Maschine ein Wechselfeld, das man sich aus zwei mit gleicher Geschwindigkeit gegenläufig rotierenden Kreisdrehfeldern halber Amplitude zusammengesetzt vorstellen kann. Diese beiden gedachten Kreisdrehfelder bezeichnet man auch als mitlaufendes und gegenlaufendes Drehfeld. Die beiden Drehfelder rufen in der Maschine Drehmomente hervor, deren Abhängigkeit von der Winkelgeschwindigkeit im Bild 3.48b dargestellt ist. M_1 ist das Drehmoment des mitlaufenden Drehfeldes und M_2 das des gegenlaufenden Drehfeldes. An der Welle der Maschine kann selbstverständlich nur ein resultierendes Moment auftreten, das im Bild 3.48 durch die Kurve M_{res} wiedergegeben ist. Man erkennt sofort, dass die Ω-M-Kennlinie der einphasig betriebenen Asynchronmaschine zusammen mit der Last M_A nur Arbeitspunkte im 1. Quadranten ergibt, d.h., es ist nur Motorbetrieb möglich. Erst wenn man Läuferzusatzwiderstände von einer solchen Größe einschaltet, dass $s_k = 2$ wird, ergeben sich die Im Bild 3.48c gezeigten Kennlinien für das Mit- und Gegensystem sowie die resultierende

Kennlinie, die nun Arbeitspunkte im 4. Quadranten ermöglicht. Eine derartige Bremsschaltung ist deshalb nur bei Schleifringläufermotoren anwendbar.

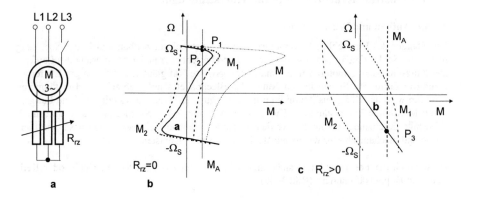

Bild 3.48 Einphasenbremsschaltung
a) Schaltbild,
b) Stationäre Kennlinien (s_{kn}),
c) Stationäre Kennlinien ($s_k = 2$)

Es ist zu beachten, dass auf Grund der Schaltung der Ständerwicklung und der vorgegebenen Netzspannung das im Bremsbetrieb erreichbare maximale Moment $1/3$ M_k beträgt (M_k ist das Kippmoment bei dreiphasiger Speisung der Maschine).

Zur Selbstkontrolle

-      a) Schildern Sie das Stillsetzen eines Antriebes mittels Gleichstrombremsung!
       Geben sie das Schaltbild und die Drehzahl-Drehmoment-Kennlinien an, tragen Sie-
       den Verlauf des Arbeitspunktes ein!

-      b) Weshalb muss bei der Einphasenbremsschaltung der Kippschlupf wesentlich größer
       als 1 gewählt werden?

3.2.4.5 Anlassen

Die wichtigste Methode zum Anlassen von Schleifringläufermotoren ist die Anwendung von Läuferzusatzwiderständen. Bei kleineren Motoren werden dazu Festwiderstände vorgesehen während für große Maschinen Flüssigkeitsanlasser zum Einsatz kommen. Die Berechnung der einzelnen Widerstandsstufen erfolgt ähnlich wie beim Anlasser für Gleichstrommotoren.

3.2.5 Drehstromasynchronmotor mit Kurzschlussläufer

3.2.5.1 Aufbau und Wirkungsweise

Der Ständer des Kurzschlussläufermotors unterscheidet sich im Aufbau und in der Schaltung nicht vom Schleifringläufermotor. Ein Unterschied besteht aber in der Ausführung des Läufers. Bei Kurzschlussläufermotoren findet man vorzugsweise Käfigläufer, bei denen die Läuferwicklung in Form von Stäben in den Nuten des Blechpaketes untergebracht ist. Bei kleineren Motoren wird der Käfig aus Aluminium im Druckgussverfahren hergestellt, während bei größeren Maschinen Läuferstäbe aus Kupfer oder Messing in die Nuten eingebracht und durch Stirnringe miteinander verbunden werden. Diese Käfige sind nicht isoliert, so dass eine thermisch und mechanisch sehr widerstandsfähige Konstruktion entsteht.

Hinsichtlich der Form der Läuferstäbe unterscheidet man zwischen Rund-, Hoch- oder Keilstab- und Doppelkäfigläufern (Bild 3. 49).

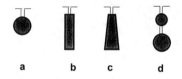

a   b   c   d

Bild 3.49
Querschnitte von Läuferstäben

Rundstabläufer (a)

Sie arbeiten im Wesentlichen stromverdrängungsfrei. Das Betriebsverhalten eines derartigen Motors entspricht dem des Schleifringläufermotors (Abschnitt 3.2.4.2). Rundstabläufer werden bis zu Leistungen von etwa 10 kW eingesetzt.

Hoch- oder Keilstabläufer (b), (c)

Die Käfige bestehen aus relativ schmalen Stäben, die infolge ihrer großen radialen Ausdehnung mit unterschiedlich großen Flüssen verkettet sind, wodurch besonders bei großen elektrischen Frequenzen f_r im Läufer (z.B. bei Stillstand) über dem Läuferquerschnitt unterschiedlich große Spannungen induziert werden, die eine ungleichmäßige Stromdichteverteilung zur Folge haben (Bild 3.50).

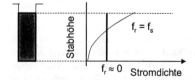

Bild 3.50
Hochstabläufer

Die Stromverdrängung nach der Nutöffnung hin wirkt sich wie eine Vergrößerung des ohmschen Widerstandes der Läuferwicklung aus, so dass diese Motoren ein wesentlich größeres Anlaufmoment als die Rundstabläufer entwickeln. Im Bemessungsbetrieb (f_r sehr klein) ist die Stromverdrängung praktisch wirkungslos, und die Stromdichte ist über dem gesamten Stabquerschnitt gleich.

Doppelkäfigläufer (d)

Die Läuferwicklung besteht aus zwei Käfigen, deren Stäbe in gleichen Nuten liegen. Der äußere Käfig (Anlaufkäfig) hat Stäbe mit kleinem Querschnitt (großer Widerstand), während der innere Käfig (Betriebskäfig) Stäbe mit großem Querschnitt aufweist. Wie aus Bild 3.51 hervorgeht, ist beim Anlauf (Schlupf groß!) infolge der Stromverdrängung im Anlaufkäfig die Stromdichte sehr groß. Wegen des großen ohmschen Widerstandes dieses Käfigs entwickelt der Motor ein großes Anlaufmoment. Im stationären Betrieb (Schlupf klein) tritt praktisch keine Stromverdrängung auf, und der Strom verteilt sich entsprechend den Wider ständen auf die beiden Käfige.

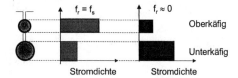

Oberkäfig

Unterkäfig

Stromdichte   Stromdichte

Bild 3.51
Doppelkäfigläufer

Die Drehzahl-Drehmoment-Kennlinien für Kurzschlussläufermotoren mit den genannten Läuferarten sind im Bild 3.52 dargestellt. Die größten Anlaufmomente lassen sich mit Doppelkäfigläufermotoren erzielen; deshalb werden diese Motoren für Antriebe mit Schweranlauf eingesetzt (z.B. für Hebezeuge).

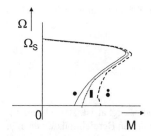

Bild 3.52
Stationäre Kennlinien von
Kurzschlussläufermotoren

3.2.5.2 Drehzahlstellen

Polumschaltung

Entsprechend Gleichung (3.54) wird die synchrone Winkelgeschwindigkeit Ω_S des Drehfeldes durch die Polpaarzahl der Maschine bestimmt. Führt man die Ständerwicklung der Maschine so aus, dass sich mehrere Polzahlen mit Hilfe eines Polumschalters realisieren lassen (Dahlanderschaltung), so kann die Drehzahl der Maschine verlustlos in Stufen verstellt werden. Aus konstruktiven Gründen können maximal 4 Polpaarzahlen in einer Maschine untergebracht werden. Insgesamt werden diese Maschinen größer und damit teurer als vergleichbare nicht polumschaltbare Motoren.

Beim Übergang auf eine größere Polpaarzahl wird der Motor übersynchron gebremst (vgl. Bild 3.44, Übergang $P_1 \rightarrow P_2$). Polumschaltbare Motoren werden eingesetzt, wenn die Arbeitsmaschine nur wenige Drehzahlstufen verlangt (manche Werkzeugmaschinen, Hebezeuge, Lüfter, Pumpen).

Frequenzsteuerung

Die synchrone Drehzahl kann ebenfalls durch Veränderung der Frequenz f_s der Ständerspannung beeinflusst werden. Dadurch ergibt sich wie bei der Polumschaltung ein verlustloses, u. U. stetiges Drehzahlstellverfahren für Kurzschlussläufermotoren.

Um im gesamten Drehzahlstellbereich eine gleichbleibende Be- und Überlastbarkeit zu gewährleisten, muss bei Frequenzänderung das Kippmoment konstant bleiben. Nach Gleichung (3.81) ist bei Vernachlässigung des ohmschen Ständerwiderstandes

$$M_k = \frac{3 \cdot U_s^2}{2 \cdot \Omega_S \cdot X_\sigma} \qquad (3.81)$$

Berücksichtigt man Gl. (3.54) und den Zusammenhang

$$X_\sigma = 2\pi \cdot f_s \cdot L_\sigma \qquad (3.82)$$

so erhält man

$$M_k = \frac{3 z_p}{8\pi^2 \cdot L_\sigma} \left(\frac{U_s}{f_s} \right)^2 \qquad (3.83)$$

d.h., wenn M_k konstant bleiben soll, muss die Amplitude der Ständerspannung in gleichem Maße wie die Frequenz verändert werden:

$$\frac{U_s}{f_s} = konst. \qquad (3.84)$$

Gleichung (3.84) gilt nur, wenn der Ständerwiderstand R_s vernachlässigbar ist. Bei sehr niedrigen Frequenzen ($f_s < 5 \dots 10$ Hz) ist das nicht mehr der Fall. Für diesen Bereich müssen dann in Abhängigkeit von den jeweiligen Maschinenparametern Steuergesetze $U_s = f(f_s)$ berechnet werden, die ein konstantes Kippmoment garantieren. Damit wird verständlich, dass zur Frequenzsteuerung von Asynchronmotoren (s.a. Kapitel 7) Stellglieder benötigt werden, bei denen *Amplitude* und *Frequenz* der Ständerspannung *unabhängig* voneinander eingestellt werden können. Mit Maschinenumformern lässt sich diese Forderung nur in sehr beschränktem Maße verwirklichen. Deshalb werden bei zeitgemäßen Lösungen leistungselektronische Stellglieder, sogenannte *Umrichter*, eingesetzt, die es gestatten, Amplitude und Frequenz in weiten Grenzen unabhängig voneinander mit hohem Wirkungsgrad zu verändern. Im Bild 3.53 wird das Prinzip einer solchen Anordnung gezeigt. Der Gleichrichter liefert eine Gleichspannung U_d. Der Wechselrichter zerlegt diese Gleichspannung in eine dreiphasige Wechselspannung, deren Frequenz durch das Steuersignal u_f und deren Amplitude durch das Steuersignal u_α bestimmt wird. Das stationäre Kennlinienfeld eines frequenz-gesteuerten Asynchronmotors zeigt Bild 3.54. Bei Einsatz geeigneter Regelstrukturen können Stellbereiche von 1 : $10^3 \dots 10^6$ und ein gutes dynamisches Verhalten (vergleichbar mit dem des stromrichtergespeisten Gleichstrommotors oder besser) erzielt werden. Allerdings ist der elektronische Aufwand bei der Frequenzsteuerung höher als beim Gleichstrommotor.

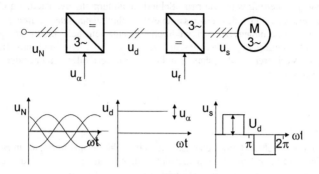

Bild 3.53 Frequenzsteuerung eines Kurzschlussläufermotors

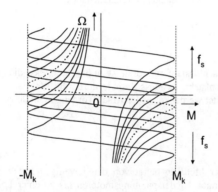

Bild 3.54 Stationäres Kennlinienfeld bei Frequenzsteuerung

Frequenzgesteuerte Asynchronmotoren haben ein breites Anwendungsgebiet gefunden, wie z.B.

- Mehrmotorenantriebe in der Metallurgie (z.B. Rollgänge),

- Mehrmotorenantriebe in der Kunstfaserherstellung (Spinnzentrifugen),

- Antriebe mit sehr hohen Drehzahlen (Schleifspindeln),

- Antriebe, die auch im Stillstand beliebig lange ihr Bemessungsmoment entwickeln können (Prüfstände für Verbrennungsmotoren),

- Einzelantriebe unter besonderen Umweltbedingungen (Unterwasserantriebe, Antriebe in explosiver, chemisch aggressiver oder radioaktiver Umgebung),

- Traktionsantriebe,

- Stellantriebe.

Spannungssteuerung

Die Spannungssteuerung wird wie beim Schleifringläufermotor realisiert. Im Gegensatz dazu ist aber zu berücksichtigen, dass die gesamte elektrische Leistung des Läufers $P_{rel} = P_\delta \; s$ in der Maschine in Wärme umgesetzt wird, wodurch sich eine sehr hohe thermische Beanspruchung des Kurzschlussläufermotors bei diesem verlustbehafteten Drehzahlstellverfahren ergeben kann. Dieses Verfahren wird deshalb nur bei kurzzeitiger oder aussetzender Belastung von Motoren angewendet.

3.2.5.3 Bremsen

Es kommen die gleichen Bremsmethoden wie beim Schleifringläufermotor in Betracht. Da der Läuferwiderstand beim Kurzschlussläufermotor nicht verändert werden kann, eignen sich die Gegenstrombremsung und die Gleichstrombremsung nur zum Stillsetzen.

Die übersynchrone Bremsung findet Anwendung im Zusammenhang mit der Frequenzsteuerung oder bei Hebezeugen zum Absenken durchziehender Lasten.

3.2.5.4 Anlassen

Beim Anlassen von Kurzschlussläufermotoren ist zu beachten, dass die gesamte Anlaufwärme innerhalb der Maschine entsteht. Es muss deshalb durch die Wahl eines entsprechenden Anlassverfahrens gewährleistet werden, dass der Anlaufvorgang nicht länger als 15 bis 20 Sekunden dauert.

Direktes Einschalten

Die Anwendbarkeit dieser Methode hängt von den jeweiligen Netzverhältnissen ab. Unter günstigen Umständen können Niederspannungsmotoren bis zu einer Leistung von etwa 400 kW und Hochspannungsmotoren bis zu einer Leistung von etwa 20 MW direkt eingeschaltet werden.

Stern-Dreieck-Anlauf

Um in schwachen Netzen den Einschaltstrom herabzusetzen, wir der Motor zunächst in Sternschaltung eingeschaltet und nach dem Anlauf in Dreieckschaltung mittels eines sogenannten Stern-Dreieck-Schalters oder einer Schützensteuerung umgeschaltet. Da in Sternschaltung die Spannung über einem Wicklungsstrang nur den $1/\sqrt{3}$ -fachen Wert der Leiterspannung hat, werden der Anlaufstrom und das Anlaufmoment auf ein Drittel des Wertes bei Dreieckschaltung herabgesetzt (Bild 3.55):

$$\frac{I_Y}{I_\Delta} = \frac{U_L}{\sqrt{3} \cdot Z} \cdot \frac{Z}{\sqrt{3} \cdot U_L} = \frac{1}{3} \tag{3.85}$$

Aus diesem Grund ist die Stern-Dreieck-Umschaltung nur bei Leerlauf anwendbar. Es ist außerdem zu beachten, dass die Umschaltung erst erfolgen darf, wenn der Motor etwa seine Bemessungsdrehzahl erreicht hat. Sonst ergeben sich große Drehmoment- und Stromstöße, wie Bild 3.56 zeigt. Derartige Fehler können durch automatische Stern-Dreieck-Anlassschaltungen vermieden werden.

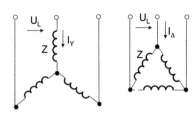
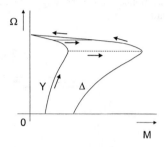

Bild 3.55 Ströme und Spannungen   **Bild 3.56** Verlauf des Arbeitspunk-
              bei Stern-Dreieck-Schaltung   tes beim Anlauf

Sanftanlaufschaltungen

Bei diesen Schaltungen wird der Einschaltstromstoß durch Widerstände in den Netzzuleitungen herabgesetzt (Bild 3.57). Die Widerstände können symmetrisch oder unsymmetrisch (bis ca. 5 kW Motorleistung) angeordnet werden.

Bei diesen sogenannten KuSa- Schaltungen (Kurzschlussläufer-Sanftanlauf) werden die Widerstände nach dem Anlauf des Motors über die Schalter Q1 bzw. Q2 kurzgeschlossen. Diese Schalter können durch Schütze ersetzt werden.

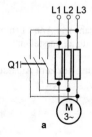
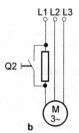

Bild 3.57 Sanftanlaufschaltung
              a) symmetrisch
              b) unsymmetrisch

Anlassschaltungen mit Transformator

Derartige Anlassschaltungen dienen zur Herabsetzung der Ständerspannung und damit des Anlaufstromes. Es werden vorzugsweise Transformatoren in Sparschaltung eingesetzt, die nach dem Anlauf wieder abgeschaltet werden (Bild 3.58). Der Anlaufstrom und das Anlaufmoment verringern sich mit dem Quadrat des Übersetzungsverhältnisses des Transformators. Deshalb sind diese Schaltungen ebenso wie die Stern-Dreieck-Anlassschaltung nur für Leeranlauf geeignet.

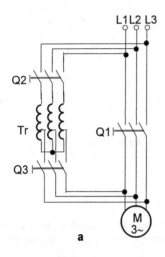
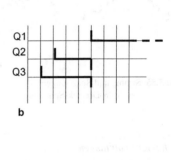

Bild 3.58   Transformatoranlassschaltung
                  a) Schaltbild,
                  b) Schaltfolgeplan

Zur Selbstkontrolle

-      a) Welche Verfahren gestatten es, die Drehzahl von Antrieben mit Drehstrom-Kurzschlussläufermotoren in weiten Grenzen stetig zu verstellen?

-      b) Weshalb ist die Stern-Dreieck-Umschaltung nur zum Anlassen leerlaufender Motoren geeignet?

3.2.5.5 Einphasenasynchronmotor

Der Ständer der Einphasenasynchronmaschine ist mit einer einphasigen Wicklung (Hauptwicklung) versehen, die ein Wechselfeld erzeugt. Das Wechselfeld mit der Flussdichte B_s kann man sich nach dem Schema Bild 3.59 in zwei gegeneinander rotierende Kreisdrehfelder halber Amplitude B_{s1} und B_{s2} zerlegt vorstellen, die jeweils im Läufer die Spannungen U_{r1} und U_{r2} induzieren. Die von diesen Spannungen angetriebenen Ströme I_{r1} und I_{r2} bilden mit den Drehfeldern des Ständers die Drehmomente M_1 und M_2. Bei Stillstand des Läufers sind beide Momente gleich groß, aber entgegengesetzt gerichtet, so dass das resultierende Moment, das der Motor in diesem Betriebszustand erzeugt, Null ist. Der Einphasenasynchronmotor hat deshalb kein Anlaufmoment (s. auch Bild 3.48b, Kurve a). Für das resultierende Drehmoment gilt

$$M = M_1 + M_2 \tag{3.86}$$

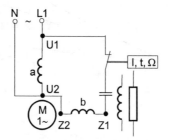

Bild 3.59 Drehmomentbildung bei der Einphasensynchronmaschine

Damit ein derartiger Motor ein Anlaufmoment entwickeln kann, ist eine zweite Wicklung b (Hilfswicklung) erforderlich, die räumlich um 90^0 zur Hauptwicklung a versetzt sein muss. Wird diese Hilfswicklung mit einem Strom gespeist, der gegenüber dem Strom durch die Hauptwicklung zeitlich um 90^0 phasenverschoben ist, so entsteht ein Kreisdrehfeld, und die Maschine verhält sich wie ein Drehstromasynchronmotor. Die Phasenverschiebung des Stromes durch die Hilfswicklung kann durch zusätzliche Schaltelemente R, L oder C, die mit der Hilfswicklung in Reihe geschaltet sind, erreicht werden (Bild 3.60). Vorzugsweise werden jedoch Kondensatoren eingesetzt. Man muss dabei zwischen Anlauf- und Betriebskondensatoren unterscheiden. Bei Maschinen mit Anlaufkondensatoren wird dieser nach erfolgtem Anlauf über einen Fliehkraftschalter abgeschaltet, und der Motor läuft dann einphasig weiter. Maschinen mit Betriebskondensator haben keinen Fliehkraftschalter. Der Kondensator muss für Dauerbetrieb dimensioniert werden. Es ist zu beachten, dass der Kondensator nur für einen Betriebspunkt (vorzugsweise Bemessungsbetrieb) optimal ausgelegt werden kann.

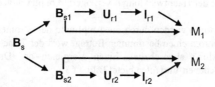

Bild 3.60 Einphasenasynchronmotor

Im Bild 3.61 sind Richtwerte für die Anlauf- und Betriebskapazitäten in Abhängigkeit von der Motorleistung für 230 V-Motoren dargestellt.

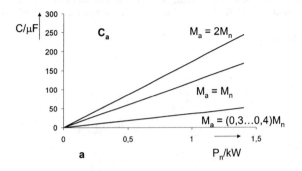

a

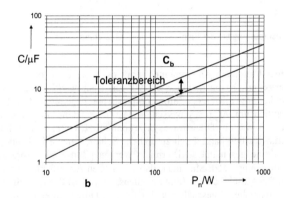

b

Bild 3.61 Richtwerte für Anlauf- (a) und Betriebskondensator (b)

Andere Lösungen ersetzen den Anlaufkondensator durch elektronische Schalter mit Triac oder antiparallelen Thyristoren. Durch die Anschnittsteuerung wird der Strom in der Hilfswicklung i_b gegenüber dem Strom in der Hauptwicklung i_a verzögert, d.h. phasenverschoben.

Der Triac oder die Thyristoren werden durch die Amplitude des Stromes i_a angesteuert (Bild 3.62). Unterschreitet der Strom einen bestimmten Betrag, wird der Triac nicht mehr gezündet. Damit ist die Hilfswicklung abgeschaltet. Einen Vergleich der Drehzahl-Drehmoment-Kennlinien für die verschiedenen Varianten bietet Bild 3.63.

Mitunter ist es erforderlich, einen Drehstromasynchronmotor an einem Einphasennetz zu betreiben. Sofern es sich um Maschinen mit 230/400 V Bemessungsspannung handelt, kann die im Bild 3.64 dargestellte Schaltung verwendet werden. Die Kapazität des Kondensators ist zu etwa 75 μF je 1 kW Motorbemessungsleistung zu wählen. Das Anlaufmoment beträgt dann ca. 0,25 M_n. Die Bemessungsleistung kann zu ungefähr 80% ausgenutzt werden.

Einphasenmotoren werden im Allgemeinen direkt eingeschaltet und mit konstanter Drehzahl betrieben. Prinzipiell sind die für den Drehstrom-Kurzschlussläufermotor beschriebenen Verfahren anwendbar. Eine elektrische Bremsung ist bei diesen Motoren ungebräuchlich.

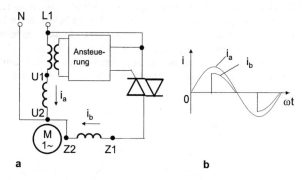

Bild 3.62 Einphasenmotor mit Triac-Hilfsphase

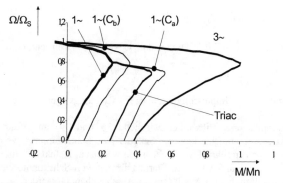

Bild 3.63 Drehzahl-Drehmoment-Kennlinien des Einphasenmotors

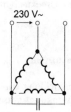

Bild 3.64 Einphasenbetrieb

3.3 Antriebsmittel für diskontinuierliche Drehbewegung

3.3.1 Übersicht

Antriebsmittel für diskontinuierliche Drehbewegung sind Schrittmotoren als Komponente von Schrittantrieben, die die Aufgabe haben, eine bestimmte Menge i elektrischer Impulse in einen definierten Drehwinkel α umzusetzen, wobei jedem einzelnen Impuls ein bestimmter Schrittwinkel α_S entspricht. Der Schrittmotor kann deshalb auch als elektromechanischer D/A-Wandler angesehen werden. Bild 3.65 zeigt den prinzipiellen Aufbau eines Schrittantriebes. Man erkennt, dass hier eine offene Steuerkette vorliegt. Eine Regelung der Ausgangsgröße erfolgt nicht.

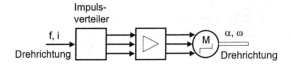

Bild 3.65 Schrittantrieb

Ausgangsgrößen der Steuerkette sind:

Drehwinkel α, $\alpha = \Sigma\,\alpha_S$,   Drehzahl n, $\omega = d\alpha/dt$,   Drehrichtung;

Eingangsgrößen können sein:

Impulszahl i,   Impulsfolgefrequenz f,   Richtungssignal.

Schrittmotoren können für Schrittwinkel zwischen $0{,}36^0$ und 180^0 ausgeführt werden; die maximal erreichbaren Drehmomente betragen bis zu 1 Nm. Schrittmotoren werden als Ein- oder Mehrständermotoren ausgeführt. Der Läufer ist entweder ein Reluktanzläufer oder ein permanentmagnetisch erregter Läufer. Die Ausführungsformen von Schrittmotoren sind sehr vielgestaltig. Hier sollen lediglich zwei Ausführungsbeispiele behandelt werden.

Angewendet werden Schrittantriebe als Stellantriebe, in der Medizin- und Labortechnik als Dosiereinrichtung, in der Schreib- und Drucktechnik, in der Messtechnik zur Zählung und ferner als Uhrenantriebe.

3.3.2 Schrittmotor für kleine Leistungen

Bild 3.66 zeigt das Prinzip. Die Erregerwicklung erhält Impulse wechselnder Polarität, so dass das permament-magneterregte Polrad Winkelschritte von 180^0 ausführt. Diese Variante findet vor allem bei Uhrenantrieben Anwendung.

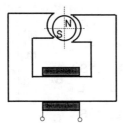

Bild 3.66 Kleinschrittmotor

3.3.3 Mehrständer-Schrittmotor

Diese Motoren arbeiten in den meisten Fällen nach dem Reluktanzprinzip. Vorzugsweise werden drei oder fünf Ständer vorgesehen (Bild 3.67). Die Wirkungsweise soll an Hand von Bild 3.68, das einen abgewickelten Ausschnitt eines Dreiständerschrittmotors darstellt, erläutert werden. Die drei Systeme sind um jeweils ein Drittel Zahnteilung τ_z versetzt. Jedes System (A, B oder C) entwickelt ein Drehmoment entsprechend dem angegebenen Verlauf (α = räumlicher Winkel).

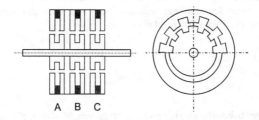

A B C

Bild 3.67 Dreiständerschrittmotor

Auf Grund der Eigenschaft magnetischer Feldlinien, sich soweit wie möglich zu „verkürzen", versucht jeder Ständer bei Erregung Ständer- und Läuferzähne so auszurichten, dass eine magnetische Symmetrie entsteht. Wird den einzelnen Ständern in der richtigen Reihenfolge (z.B. B – C – A – B – usw.) jeweils ein Impuls zugeführt, dreht sich der Läufer schrittweise um den Winkel α_S (Vollschrittbetrieb). Werden dagegen gleichzeitig zwei Wicklungsstränge angesteuert (z.B. B – BC – C – CA – A – AB – B – usw.) lässt sich der Schrittwinkel α_S halbieren (Halbschrittbetrieb). Eine weitere Erhöhung der Auflösung ist durch den sogenannten Mikroschrittbetrieb möglich, bei dem als Impulserzeuger und -verteiler ein Mikrorechner erforderlich ist. Die vom Impulsverteiler gelieferten Impulse werden über den nachgeschalteten Impulsverstärker den einzelnen Ständerwicklungen zugeführt (Bild 3.65). Der Impulsverteiler sorgt für die richtige Einschaltreihenfolge.

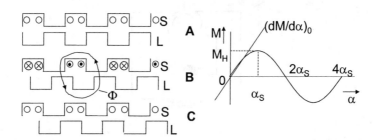

Bild 3.68 Wirkungsweise des Dreiständerschrittmotors

Der Schrittwinkel ergibt sich konstruktiv aus der Anzahl der Ständer m und der Zähnezahl z:

$$\alpha_S = \frac{360^0}{m \cdot z} \tag{3.87}$$

Das Reibungsmoment M_R verringert den Schrittwinkel um den Betrag $\Delta \alpha_S$. Das ist der Bereich, in dem das Motormoment kleiner als das Reibungsmoment ist. Der relative Positionierfehler hängt vom zu überwindenden Reibungsmoment M_R des Antriebes und dem Verlauf des Drehmomentes in Abhängigkeit vom Drehwinkel ab:

$$\frac{\Delta \alpha_S}{\alpha_S} = \frac{M_R}{\alpha_S} \cdot \frac{1}{\left(\dfrac{dM}{d\alpha}\right)_0} \tag{3.88}$$

Die wichtigsten Betriebskennlinien sind zwei Grenzkurven $M = f(f_S)$. Sie begrenzen den Start-Stopp-Bereich, in dem Anlauf und Stillsetzen ohne Schrittverluste möglich sind, und den Betriebsbereich, in dem kontinuierlicher Betrieb ohne Schrittverlust möglich ist (Bild 3.69).

Mit derartigen Schrittmotoren lassen sich folgende Parameter erreichen:

Schrittwinkel $\alpha_S = 0{,}75^0 \dots 5^0$,

Maximalmoment $M_H = 0{,}5$ Nm

maximale Start-Stopp-Frequenz $f_{st} = 2 \dots 4$ kHz

maximale Schrittfrequenz $f_S = 20$ kHz

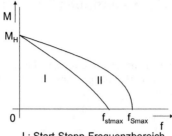

I : Start-Stopp-Frequenzbereich
II : Betriebsfrequenzbereich

Bild 3.69 Betriebskennlinien

Das Prinzip der Ansteuerung ist im Bild 3.70 dargestellt. Als elektronische Schalter werden Transistorschalter eingesetzt. Die einfachste Variante (unipolare Ansteuerung, Bild 3.70a) hat den Nachteil, dass eine Entmagnetisierung der einzelnen Systeme nicht gewährleistet ist. Dieses Problem kann durch die Anordnung von zwei Wicklungen je Ständer (bifilare Wicklung mit unipolarer Ansteuerung, Bild 3.70b) oder durch Anordnung einer Brückenschaltung in jedem Strang umgangen werden. Bei dieser Lösung (bipolare Ansteuerung, Bild 3.70c) steigt der elektronische Aufwand erheblich.

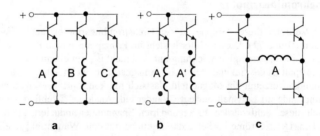

Bild 3.70 Schaltungsvarianten der Ständerwicklungen

Zur Selbstkontrolle

-       a) Erläutern Sie den Aufbau und die Wirkungsweise eines Dreiständerschrittmotors!

-       b) Welche Möglichkeiten zur Ansteuerung der Ständerwicklungen gibt es?

-       c) Was versteht man unter maximaler Start-Stopp- und Schrittfrequenz?

3.4 Antriebsmittel für kontinuierliche Linearbewegung

3.4.1 Übersicht

Antriebsmittel für kontinuierliche Linearbewegung (Linearmotoren) dienen zur direkten Erzeugung einer translatorischen Bewegung. Diese Motoren können wie rotierende Elektromotoren eingeteilt werden in

- Gleichstromlinearmotoren,

- Asynchronlinearmotoren,

- Synchronlinearmotoren.

Gleichstromlinearmotoren werden vor allem für Antriebe kleiner Leistung und für kleine Wegstrecken in der Gerätetechnik eingesetzt. Bei größeren Leistungen und Wegen sind bei diesen Motoren Stromzuführung und Stromwendung problematisch. Asynchronlinearmotoren haben bisher infolge ihres verhältnismäßig einfachen Aufbaus wie die rotierende Asynchronmaschine vielfältigen Einsatz gefunden. Synchronlinearmotoren haben vor allem in Verbindung mit der Magnet-Schwebetechnik bei Antrieben von Hochgeschwindigkeitsbahnen Bedeutung erlangt. Wegen der praktischen Bedeutung wird im Folgenden der Asynchronlinearmotor näher betrachtet.

3.4.2 Asynchronlinearmotor

Ein typischer Vertreter dieser Gruppe ist der Drehstromlinearmotor, auch Wanderfeldlinearmotor genannt (Bild 3.71). Dieser Motor besteht im Prinzip aus einem Primärteil (Induktor), in dessen Nuten eine dreisträngige Wicklung untergebracht ist, mit einem magnetischen Rückschluss. Im Luftspalt ist das Sekundärteil (z.B. unmagnetische, elektrisch leitende Platte) angeordnet. Der Induktor erzeugt ein Magnetfeld, das sich mit konstanter Geschwindigkeit v_S und konstanter Amplitude im Luftspalt bewegt (Wanderfeld; Analogie: Drehfeld – vgl. Abschnitt 3.2.4.1). Durch dieses Feld werden im Sekundärteil Spannungen induziert, die entsprechende Ströme antreiben. Diese Ströme im Sekundärteil bilden mit dem Wanderfeld Kräfte, durch die letztlich das Sekundärteil mit der Geschwindigkeit v bewegt wird.

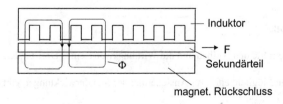

Bild 3.71 Wanderfeldlinearmotor (Prinzip)

Entsprechend der Wirkungsweise der rotierende Asynchronmaschine muss stets eine Relativbewegung zwischen Wanderfeld und Sekundärteil vorhanden sein. Somit kann auch hier ein
relativer Schlupf definiert werden:

$$s = \frac{v_S - v}{v_S} \qquad\qquad (3.89)$$

Es sind zwei Ausführungsformen möglich: mit beweglichem oder mit festem Induktor.

Die Variante mit *beweglichem Induktor* (Bild 3.72) wird vor allem bei Fahrzeug- und Kranan-
trieben angewendet. Vorteile sind: geringer Aufwand für Wicklungen, große Weglängen sind
möglich. Nachteilig ist die Energiezuführung über Schlepp- oder Schleifleitungen.

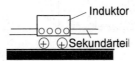

Bild 3.72 Linearmotor mit beweglichem Induktor

Die Form mit *festem Induktor* (Bild 3.73) bietet sich für Transporteinrichtungen, Bandantriebe
und Pumpen für flüssige Metalle an. Vorteile gegenüber der ersten Variante sind vor allem die
festen Schaltverbindungen. Nachteilig sind der unter Umständen größere Wicklungsaufwand
und die kürzeren Weglängen.

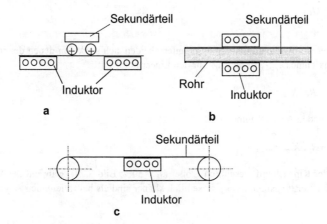

Bild 3.73 Linearmotor mit festem Induktor
            a) Transporteinrichtung,
            b) Pumpe für flüssige Metalle,
            c) Bandantrieb

Das Betriebsverhalten lässt sich analog zur rotierenden Asynchronmaschine beschreiben (Abschnitt 3.2.4.2).

Die synchrone Geschwindigkeit ist

$$v_S = 2 \cdot \tau_p \cdot f_s \qquad\qquad (3.90)$$

τ_p Polteilung

Die Polteilung ist von der Leistung des Motors abhängig. Bei f_s = 50 Hz ergeben sich folgende Geschwindigkeiten:

τ_p/mm	25	250	500
v_S/km·h^{-1}	9	90	180

Bei Vernachlässigung von Stromverdrängungseffekten im Sekundärteil und des Einflusses des ohmschen Widerstandes der Induktorwicklung kann der Zusammenhang zwischen Kraft und Schlupf ausgedrückt werden durch (vgl. auch Gl. (3.80))

$$F = \frac{2 \cdot F_k}{s/s_k + s_k/s} \qquad\qquad (3.91)$$

Die Kippkraft F_k hängt quadratisch von der Spannung ab:

$$F_k \sim U_s^2.$$

Die Parameter des Asynchronlinearmotors unterscheiden sich stark von denen der rotierenden Asynchronmaschine ($X_{r\sigma LM} \ll X_{r\sigma AM}$); für den Linearmotor gilt

$$R_r' > R_s, \; X_{r\sigma}' < X_{s\sigma};$$

für den rotierenden Asynchronmotor gilt

$$R_r' \approx R_s, \; X_{r\sigma}' \approx X_{s\sigma}.$$

Deshalb ist der Kippschlupf wesentlich größer ($s_k > 50\%$, Bild 3.74), während der Wirkungsgrad η und der Leistungsfaktor $\cos\varphi$ wesentlich kleiner sind als bei rotierenden Asynchronmaschinen.

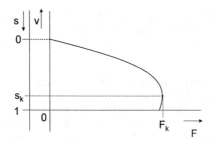

Bild 3.74 Geschwindigkeits-Kraft-Kennlinie des Wanderfeldlinearmotors

Zur Selbstkontrolle

- Nennen Sie Anwendungsmöglichkeiten des Wanderfeldlinearmotors!

3.5 Antriebsmittel für diskontinuierliche Linearbewegung

Antriebsmittel für diskontinuierliche Linearbewegung sind lineare Schrittmotoren. Bei diesen Motoren sind vor allem die auf dem elektromagnetischen Wirkprinzip beruhenden Ausführungsformen von Bedeutung:

- Reluktanzschrittmotor,

- Elektromagnete.

Der *Reluktanzschrittmotor* ist mit dem rotierenden Mehrständerschrittmotor vergleichbar. Der Ständer ist geblecht und mit Ringspulen versehen (Bild 3.75). Der Läufer besteht aus weichmagnetischem Werkstoff. Den Ringspulen 1 bis 4 wird durch eine Impulsverteilerschaltung nacheinander je ein Impuls zugeführt, so dass sich der Läufer jedes Mal um die Schrittlänge x_S fortbewegt.

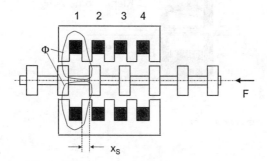

Bild 3.75 Linearer Reluktanzschrittmotor

Es besteht eine vollständige Analogie zum rotierenden Reluktanzschrittmotor, d.h. $\alpha_S \rightarrow x_S$; $M \rightarrow F$; vgl. Abschnitt 3.3. Derartige Schrittmotoren entwickeln Kräfte bis zu 50 N. Übliche Schrittlängen liegen im Bereich $x_S = 1 \dots 10$ mm. Der Motor entwickelt im Stillstand keine Selbsthaltekraft.

Zur Erzeugung sehr kleiner Weglängen (Mikro- oder Nanometerbereich) können der piezoelektrische und der magnetostriktive Effekt ausgenutzt werden. Der *piezoelektrische Schrittmotor* (Bild 3.76) beruht auf der Längenänderung und damit auf der Kraftentwicklung eines Kristalls im elektrischen Feld. Durch wechselseitige Betätigung der beiden Klemmvorrichtungen bewirkt die Längenänderung des Kristalls eine lineare Fortbewegung. Die Längenänderung ist

$$\frac{\Delta x}{l} = \sigma_P \cdot F + k_P \cdot E \qquad (3.92)$$

wobei σ_P und k_P materialabhängige Parameter, E die elektrische Feldstärke F die äußere Kraft (Störgröße) sind.

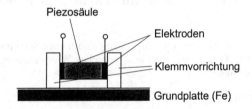

Bild 3.76 Piezoelektrischer Schrittmotor

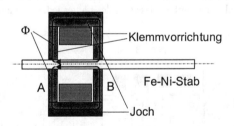

Bild 3.77 Magnetostriktiver Schrittmotor

Ähnlich ist die Wirkungsweise des *magnetostriktiven Schrittmotors*. Unter der Wirkung eines Magnetfeldes ändert ein Stab aus einer Eisen-Nickel-Legierung seine Länge. Wie beim piezo-elektrischen Schrittmotor kann diese Längenänderung mit Hilfe von zwei Klemmvorrichtungen in eine Linearbewegung umgesetzt werden. Die Längenänderung hängt wieder von der Feldstärke ab:

$$\frac{\Delta x}{l} = \sigma_M \cdot F + k_M \cdot H \tag{3.93}$$

wobei σ_M und k_M materialabhängige Parameter, H die magnetische Feldstärke, F die äußere Kraft (Störgröße) sind.

Die Störgröße verursacht einen Positionierfehler, der durch entsprechende Korrekturschaltungen beseitigt werden kann. Die mit diesen beiden Motoren erzielbaren Schrittweiten liegen im Bereich von $x_S = 0,01 \ldots 1$ µm, wobei unter Umständen zur Erzielung reproduzierbarer Schrittfolgen ein größerer Aufwand für die Steuerung dieser Schrittmotoren getrieben werden muss.

Auch *Elektromagnete* sind Antriebsmittel für diskontinuierliche Bewegungen mit begrenztem Weg oder Winkel. Die Konstruktionsformen und Anwendungsgebiete sind außerordentlich vielfältig, so dass auf eine Behandlung dieses umfangreichen Gebietes hier verzichtet werden muss.

3.6 Stellantriebe

Stellantriebe (Servoantriebe) dienen zum Positionieren, d.h., zum Anfahren eines bestimmten Ortes oder zum Einstellen einer bestimmten Lage z.B. bei Be- und Verarbeitungsmaschinen, Robotern, Ventilen, Fernbedienungseinrichtungen. Stellantriebe bestehen aus einem Stellmotor, einem leistungselektronischen Stellglied und eventuell einer Lage- oder Winkelregelung mit unterlagerter Drehzahlregelung und schneller Stromregelung. Diese Motoren arbeiten stets im Kurzzeit-, Aussetz- oder Reversierbetrieb.

Als Stellmotoren (Servomotoren) kommen Gleichstrommotoren, Zweiphasenasynchronmotoren (Ferrarismotoren) und permanentmagneterregte Synchronmotoren in Gestalt des Elektronikmotors (s.a. Abschnitt 7.2.6) zum Einsatz. Ferner spielen vor allem in der Gerätetechnik rotatorische Schrittantriebe eine große Rolle. Auch lineare Schrittantriebe kommen in Betracht.

An Servomotoren werden besondere Anforderungen in Bezug auf:

- gutes dynamisches Verhalten (kleine elektromechanische Zeitkonstante, hohes Maximalmoment M_{max}),

- geringen Energiebedarf (kleines Motorträgheitsmoment J_M),

- großen Drehzahlstellbereich (typisch 1 : 10 000) bei guter Gleichförmigkeit der Bewegung an der unteren Drehzahlgrenze ($\leq 0,5$ min^{-1})

gestellt, die durch spezielle Konstruktionsformen verwirklicht werden, wie Permanentmagnet-erregung, Glockenläufer im Leistungsbereich von 0,1 ... 750 W, Scheibenläufer im Leistungs-bereich von 10 ... 5000 W und bei Gleichstrommaschinen nutenlose Läufer mit aufgeklebten Wicklungen im Leistungsbereich von 300 ... 15000 W. Eisenlose Wicklungen bei Gleich-strommaschinen verbessern die Kommutierungseigenschaften, so dass auch bei diesen Ma-schinen hohe Überlastungen zulässig sind:

$$I_{st}/I_n = M_{st}/M_n = 5 \ldots 10$$

Folgende Kenngrößen lassen sich aus den stationären Kennlinien (Bild 3.78) ableiten bzw. werden vom Hersteller angegeben:

$$M = M_{st} - D \cdot \Omega \tag{3.94}$$

wobei M_{st} das Stillstandsmoment und D die elektromagnetische Dämpfungskonstante darstel-len.

Ferner werden vor allem für Gleichstrommaschinen angegeben:

Stromüberlastbarkeit:
$$k_i = \frac{I_{max}}{I_n} = \frac{I_{st}}{I_n} \tag{3.95}$$

Spannungskonstante:
$$k_u = \frac{U_A}{\Omega} = k \cdot \Phi \tag{3.96}$$

Drehmomentkonstante:
$$k_m = \frac{k_u}{R_A} = \frac{M_{st}}{U_A} \tag{3.97}$$

Mindestanlaufspannung:
$$U_{A0} = \frac{M_R}{k_m} \tag{3.98}$$

(Bild 3.79)

Die Mindestanlaufspannung ist durch das Haftreibungsmoment M_R der Maschine bestimmt und liegt bei hochwertigen Maschinen in der Größenordnung von 50 mV.

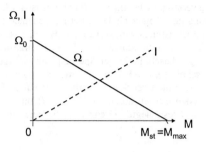

Bild 3.78
Stellmotorkennlinien

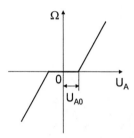

Bild 3.79
Mindestanlaufspannung

Zum Vergleich und zur Beurteilung unterschiedlicher Stellmotoren können folgende Kenngrößen dienen:

bezogenes Maximalmoment:

$$\kappa = \frac{M_{max}}{M_n} = \frac{M_{st}}{M_n} \qquad (3.99)$$

Beschleunigungsvermögen:

$$\dot{\omega}_{max} = \frac{M_{max}}{J_M} = \varepsilon_{max} \qquad (3.100)$$

bezogenes Beschleunigungsvermögen:

$$\nu = \frac{\varepsilon_{max}}{\Omega_n} = \frac{M_{max}}{J_M \cdot \Omega_n} \qquad (3.101)$$

dynamisches Leistungsvermögen:

$$L_{M\,max} = M_{max} \cdot \varepsilon_{max} = \frac{M_{max}^2}{J_M} \qquad (3.102)$$

bezogenes Leistungsvermögen:

$$\lambda = \frac{L_{M\,max}}{P_n} = \frac{M_{max} \cdot \varepsilon_{max}}{M_n \cdot \Omega_n} = \kappa \cdot \nu \qquad (3.103)$$

Die Größenordnung des dynamischen Leistungsvermögens heutiger Stellmotoren ist im Bild
3.80 angegeben, wobei P_n die Bemessungsleistung des Motors für Dauerbetrieb bedeutet. Die
thermische Dimensionierung erfolgt an Hand von Belastungsgrenzkurven. Als Beispiel ist der
prinzipielle Verlauf derartiger Kurven für Gleichstromstellmotoren im Bild 3.81 dargestellt.
Kurve 1 gilt für Dauerbetrieb (Betriebsart S1, vgl. Abschnitt 8) bei Speisung mit welligem
Gleichstrom (Stromwelligkeit $w_i = 0{,}25$, vgl. Abschnitt 6). Die Kurve 2 für Aussetz- (Betriebsart S3) bzw. für Kurzzeitbetrieb (Betriebsart S2) stellt die Grenzkurve für die stationäre Belastung dar, während die Belastbarkeit im dynamischen Betrieb durch die Kurve 3 (Kommutie-
rungsgrenzkurve) festgelegt ist. Die durch Kurve 3 festgelegten Grenzen dürfen auch durch
kurzzeitige Stromspitzen nicht überschritten werden.

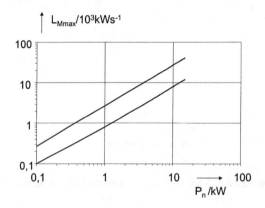

Bild 3.80
Dynamische Leistungsvermögen
von Stellmotoren

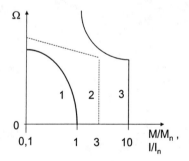

Bild 3.81
Belastungsgrenzen für Gleichstromstellmotoren

Das notwendige dynamische Leistungsvermögen ergibt sich aus den Gegebenheiten des mechanischen Teilsystems. Der Motor arbeitet gewöhnlich über ein Getriebe mit dem Übersetzungsverhältnis

$$i = \frac{\omega_A}{\omega} \tag{3.104}$$

(s.a. Bild 2.5) mit der zu stellenden Einrichtung zusammen. Diese Einrichtung hat das Trägheitsmoment J_{AA}. Damit muss der Motor entsprechend der Bewegungsgleichung (Gleichung (2.11)) bei Vernachlässigung des Widerstandsmomentes folgendes Drehmoment aufbringen:

$$m = (J_M + J_{AA} \cdot i^2) \cdot \dot{\omega} \qquad (3.105)$$

oder

$$m = J_{AA} \cdot \dot{\omega}_A (i + \frac{1}{i} \cdot \frac{J_M}{J_{AA}}) \qquad (3.106)$$

Das Motormoment hat in Abhängigkeit vom Übersetzungsverhältnis ein Minimum für

$$i^2 = \frac{J_M}{J_{AA}} \qquad (3.107)$$

Das dynamische Leistungsvermögen des Motors ist nach Gleichung (3.102) und (3.106)

$$L_M = \frac{m^2}{J_M} = \frac{J_{AA}^2 \cdot \dot{\omega}_A^2}{J_M} \cdot i^2 (1 + \frac{1}{i^2} \cdot \frac{J_M}{J_{AA}})^2 \qquad (3.108)$$

Der Mindestwert für L_M ist mit Gleichung (3.107)

$$L_M = 4 \cdot J_{AA} \cdot \dot{\omega}_A^2 \qquad (3.109)$$

d.h. das notwendige dynamische Leistungsvermögen ergibt sich aus der geforderten Winkelbeschleunigung und dem Trägheitsmoment der anzutreibenden Anordnung (Arbeitsmaschine) und muss zu

$$L_{M\,max} \geq 4 \cdot J_{AA} \cdot \dot{\omega}_A^2 \qquad (3.110)$$

gewählt werden. Allerdings ist eine Anpassung gemäß Gleichung (3.107) in vielen Fällen mit Rücksicht auf die Bemessungsdrehzahl der zur Verfügung stehenden Motoren und der geforderten Drehzahl der Arbeitsmaschine nicht möglich, so dass Kompromisse getroffen werden müssen.

Zur Selbstkontrolle

- Welche Anforderungen werden an Stellmotoren gestellt und wie können diese konstruktiv gelöst werden?

- Welche Maschinentypen werden für Stellantriebe angewendet?

- Welche Betriebsarten sind bei Stellantrieben vorherrschend?

- Erläutern Sie den Begriff „Anpassung" bei einem Stellantrieb!

4 Steuerbare Kupplungen

Elektromagnetisch schalt- und steuerbare Kupplungen haben folgende *Aufgaben*:

- Wellenschalter,

- Anlaufhilfe,

- Überlastsicherung,

- Schwingungsdämpfung.

Kupplungen stellen kraft- oder formschlüssige Verbindungen zwischen zwei Wellen her. Bei allen Kupplungen findet im Gegensatz zu Getrieben keine Momentumwandlung statt, d.h., das Eingangsmoment ist gleich dem Ausgangsmoment. Arbeitet eine derartige Kupplung mit Schlupf (z.B. beim Anlauf oder bei Drehzahlstellung), so gilt folgende Leistungsbilanz (Bild 4.1)

$$P_1 = P_2 + P_v \tag{4.1}$$

$$P_2 = P_1 \cdot (1 - s) \tag{4.2}$$

$$P_v = P_1 \cdot s \tag{4.3}$$

wobei der Schlupf s durch folgende Beziehung definiert wird:

$$s = \frac{\Omega_S - \Omega}{\Omega_S} \tag{4.4}$$

Die zugeführte und die abgeführte Leistung ergeben sich aus dem Produkt des Drehmomentes M mit der zugehörigen Winkelgeschwindigkeit. Die oben erwähnte Drehzahlstellung ist deshalb nur kurzzeitig möglich. Im eingekuppelten Zustand wird durch die Kupplung unabhängig von der Größe des Schlupfes ein konstantes Moment M_R (Reibungsmoment der Kupplungsbeläge) übertragen.

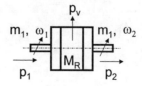

Bild 4.1 Leistungsbilanz einer Kupplung

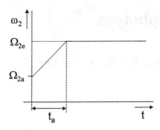

Bild 4.2 Anlaufvorgang

Die *Arbeitsweise einer Kupplung* soll an Hand eines Hochlaufvorganges eines Wellenstranges erläutert werden. Bei diesem Vorgang soll sich die Winkelgeschwindigkeit des betreffenden Wellenstranges von Ω_{2a} auf Ω_{2e} erhöhen (Bild 4.2), wobei $\Omega_{2e} = \Omega_l$ sein soll.

Für den geschalteten Wellenstrang ergibt sich zunächst allgemein die Bewegungsgleichung

$$m_R = m_A + J_A \frac{d\omega}{dt} \tag{4.5}$$

wobei das Reibungsmoment m_R unabhängig von der Drehzahl konstant ist. Das Widerstandsmoment m_A, das am geschalteten Wellenabschnitt angreift, soll ebenfalls konstant sein. J_A ist das an diesem Wellenstrang wirkende Trägheitsmoment. Damit ergibt sich aus Gl. (4.5) die Anlaufzeit

$$t_a = \frac{J_A \cdot (\Omega_{2e} - \Omega_{2a})}{M_R - M_A} \tag{4.6}$$

Die Verlustleistung bei einem Drehzahlübergangsvorgang entsprechend Bild 4.2 kann man wie folgt berechnen:

$$p_v = p_1 - p_2 = M_R \cdot \Omega_1 - M_R \cdot \omega_2 \tag{4.7}$$

$$\omega_2 = \Omega_{2a} + (\Omega_{2e} - \Omega_{2a}) \cdot \frac{t}{t_a} \tag{4.8}$$

Mit Gl. (4.6) wird aus Gl. (4.8)

$$\omega_2 = \Omega_{2a} + \frac{M_R - M_A}{J_A} \cdot t \tag{4.9}$$

Die bei diesem Vorgang entstehende Verlustwärmemenge ist

$$Q = \int_0^{t_a} p_v dt = \int_0^{t_a} M_R \cdot (\Omega_1 - \Omega_{2a} - \frac{M_R - M_A}{J_A} \cdot t) dt \qquad (4.10)$$

$$Q = \frac{M_R}{M_R - M_A} \cdot \frac{1}{2} \cdot J_A (\Omega_1 - \Omega_{2a})^2 \qquad (4.11)$$

Da das Trägheitsmoment J_A eines Wellenstranges stets kleiner ist als das gesamte Trägheitsmoment einer Arbeitsmaschine, ergeben sich für den Anlauf einzelner Wellenstränge energetisch günstigere Verhältnisse gegenüber dem Anlauf des gesamten Antriebssystems.

Die *Kenngrößen einer Kupplung* sind:

-   Bemessungsdrehmoment M_{Rn} (übertragbares Moment im Dauerbetrieb),

-   Trockenkupplungen ist $M_{Rn} = M_{Rm}$),

-   Haftmoment M_H (schlupflos übertragbares Moment),

-   Leerlaufdrehmoment (übertragenes Moment im ausgekuppelten Zustand),

-   Bemessungsschaltleistung P_{vn} ($P_{vn} > z Q$, wobei z die Schalthäufigkeit ist).

Als Betätigungsspannung elektromagnetischer Kupplungen kommt in den meisten Fällen Gleichspannung in Betracht. Generelle Probleme sind wie bei allen elektromagnetischen Geräten die Schnellerregung und die Schnellentregung.

Die wichtigsten *Ausführungsformen* von Kupplungen, die auch als steuerbare Bremsen dienen können, sind:

Schaltkupplungen

Reibscheibenkupplung: Bei dieser Schaltkupplung erfolgt die Übertragung des Drehmomentes über Reibbeläge. Der Reibungsschluss wird durch die Kraftwirkung eines Magnetfeldes hergestellt. Die Unterbrechung der Verbindung geschieht durch Federkraft. Der Strom wird der Erregerwicklung über Schleifringe zugeführt. Bei einer anderen Ausführungsform (Elektromagnet-Zweiflächenbremse, Bremslüfter) wird die Verbindung durch Elektromagnete gelöst, während der Reibungsschluss durch Federkraft hergestellt wird.

Lamellenkupplung: Das Drehmoment wird durch Reibungsschluss ineinandergreifender Innen- und Außenlamellen, die axial beweglich sind, übertragen. Auch diese Kupplung ist eine Schaltkupplung, deren Erreger-Gleichstrom über Schleifringe zugeführt wird.

Zahnkupplung: Zahnkupplungen sind Schaltkupplungen, die durch ineinandergreifende Zähne formschlüssig wirken. Gegenüber Lamellenkupplungen weisen sie bei gleichem Drehmoment nur etwa den halben Durchmesser auf.

Anlaufhilfen

Magnetpulverkupplung: Als Reibbelag dient eine Eisenpulver-Öl-Suspension. Durch ein Magnetfeld wird diese Suspension verfestigt und kann eine kraftschlüssige Verbindung zwischen den rotierenden Kupplungsteilen herstellen. Die Kennlinien der Kupplung sind im Bild 4.3 gezeigt. Die Kupplung ist als Anlaufhilfe und Überlastsicherung geeignet.

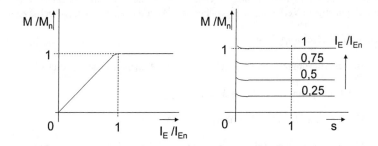

Bild 4.3 Kennlinien einer Magnetpulverkupplung

Induktionskupplung: Die Induktionskupplung besteht aus Anker und Erregersystem, wobei die Kraftübertragung reibungslos durch das Magnetfeld erfolgt. Damit eine elektromagnetische Kraftwirkung zustande kommt, ist wie bei Induktionsmotoren (Asynchronmotoren) eine Relativbewegung zwischen Anker und Erregersystem notwendig, d.h., die Induktionskupplung arbeitet betriebsmäßig mit einem bestimmten Schlupf und deshalb entsprechen Gl. (4.1) mit einer bestimmten Verlustleistung. Das Erregersystem ist ähnlich dem einer Synchronmaschine, während der Anker dem Läufer einer Asynchronmaschine entspricht. Es liegen damit Verhältnisse vor, wie sie bei der Gleichstrombremsung von Asynchronmotoren auftreten. Für den Zusammenhang zwischen Drehmoment und Schlupf kann die Kloß'sche Formel angesetzt werden:

$$\frac{M}{M_k} = \frac{2}{s/s_k + s_k/s} \qquad (4.12)$$

wobei

$$M_k = k \cdot I_E^2 \qquad (4.13)$$

und

$$s_k = \frac{R_2}{X_2} \qquad (4.14)$$

mit

I_E – Erregerstrom,

R_2, X_2 – Wirk- und Gesamtblindwiderstand eines Ankerstranges.

Die Schlupf-Drehmoment-Kennlinien zeigt Bild 4.4. Induktionskupplungen werden bei Schweranlauf als Anlaufhilfe bis zu größten Leistungen eingesetzt (vorzugsweise Schiffsantriebe). Ferner dienen sie auch als Überlastsicherung und Dämpfungseinrichtung sowie in einzelnen Fällen zur Drehzahlstellung. Induktionskupplungen können auch als Bremsen (Wirbelstrombremsen) dienen.

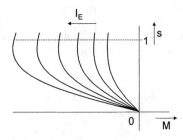

Bild 4.4 Kennlinienfeld einer Induktionskupplung

Zur Selbstkontrolle

- Wie lautet die Leistungsbilanz einer elektromagnetischen Kupplung?

5 Stromrichterstellglieder

5.1 Grundbegriffe

Neben anderen Stellgliedern wie Widerständen, Gleichstromgeneratoren usw. nehmen in modernen Antriebssystemen leistungselektronische Stellglieder eine Vorrangstellung ein, die u.a. durch einen hohen Wirkungsgrad, große Verstärkung, völlige Kontaktfreiheit, praktisch verzögerungsfreie Arbeitsweise, geringen Wartungsaufwand und geringen Raumbedarf begründet ist. Stromrichter werden heute mit nichtsteuerbaren und steuerbaren Leistungshalbleiter-Bauelementen (Dioden, Transistoren, Thyristoren) realisiert.

Ein *Stromrichter* ist ein Gerät, das in der Lage ist, elektrische Energie einer bestimmten Stromart in elektrische Energie einer anderen Stromart umzuformen. Dabei unterscheidet man (Bild 5.1):

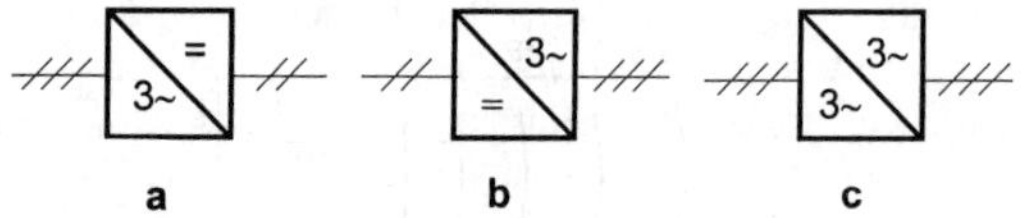

a   b   c

Bild 5.1   Stromrichter
a) Gleichrichter,
b) Wechselrichter,
c) Umrichter

Gleichrichter: Umformung von Ein- oder Mehrphasenwechselstrom in Gleichstrom,

Wechselrichter: Umformung von Gleichstrom in Ein- oder Mehrphasenwechselstrom,

Umrichter: Umformung von Wechselstrom einer bestimmten Phasenzahl und Frequenz in Wechselstrom einer anderen Phasenzahl und Frequenz,

Steller: Umformung einer Spannung U_1 in eine andere Spannung U_2 bei gleichbleibender Frequenz (auch Frequenz Null).

5.2 Übersicht über leistungselektronische Bauelemente

Die Entwicklungen der letzten Jahre zeigen, dass eine große Zahl von Aufgaben in der Leistungselektronik durch den Einsatz von Transistoren gelöst werden kann. Die Transistoren arbeiten stets im Schaltbetrieb. Die heute wichtigen Transistortypen sind MOSFET's (Metal Oxide Semiconductor Field Effect Transistor) und IGBT's (Insulated Gate Bipolar Transistor).

Sie haben gegenüber Thyristoren und GTO-Thyristoren (Gate-Turn-Off-Thyristor) beträchtliche Vorteile wie praktisch leistungslose Ansteuerung und damit einfache Steuerschaltungen, Abschaltbarkeit auch bei Kurzschluss, eventuell Betrieb ohne Beschaltungsnetzwerke, kurze Ein- und Ausschaltzeiten, niedrige Verluste. Bipolare Transistoren spielen aus diesen Gründen in der Leistungselektronik keine Rolle mehr.

In der Mehrzahl der Anwendungsfälle werden gegenwärtig Module eingesetzt, in denen neben einem oder mehreren Transistoren auch Freilaufdioden und unter Umständen passive Bauelemente auf einem Chip integriert sind. Besonders bei den IGBT-Modulen ist eine rasche Entwicklung zu verzeichnen. Beherrschbar sind heute Vorwärtsspannungen bis 3,3 kV und Kollektorströme bis 2,4 kA. Neuere Entwicklungen lassen Vorwärtsspannungen bis 6,5 kV und Ströme bis 6,6 kA bei Kurzschlussabschaltzeiten von 50 µs erwarten. Damit reicht die erzielbare Typenleistung von IGBT-Stromrichtern bis in den MW-Bereich. Die realisierbaren Schaltbzw. Pulsfrequenzen liegen bei einigen 10 kHz, während bei MOS-FET-Modulen Pulsfrequenzen bis 500 kHz möglich sind. Damit wird bei Stellgliedern für frequenzgesteuerte Drehstromantriebe (s. Abschnitt 5.4) die Pulsbreitenmodulation zur Standardlösung, während die Spannungsvektorsteuerung vor allem bei GTO-Wechselrichtern mit verhältnismäßig niedriger Pulsfrequenz eingesetzt wird. Infolge der höheren Pulsfrequenzen wird die Pulsbreitenmodulation auch für netzgelöschte Stromrichter bedeutungsvoll, weil dadurch die Netzrückwirkungen gegenüber herkömmlichen Stromrichtern mit Phasenanschnittsteuerung weitgehend reduziert werden können. Ein typisches Beispiel derartiger Netzstromrichter mit Pulsbreitenmodulation ist der Vierquadrantensteller als Netzstromrichter bei Traktionsantrieben. Bild 5.1 gibt einen Überblick über die zur Zeit beherrschbaren Strom- und Spannungsbereiche für konventionelle Thyristoren, GTO-Thyristoren bzw. IGCT's (Integrated Gate-Commutated Thyristor, d.i. die Kombination von GTO-Thyristor und Freilaufdiode auf einem Chip), IGBT und MOSFET-Module.

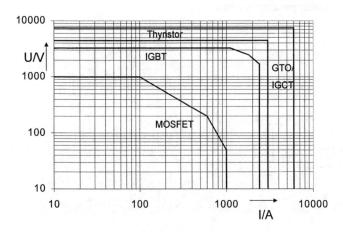

Bild 5.2 Einsatzbereiche leistungselektronischer Bauelemente

5.3 Netzgelöschte Stromrichter

Stromrichter mit Netzlöschung werden aus einem Wechsel- oder Drehstromnetz gespeist. Der natürliche Nulldurchgang der Netzspannung bewirkt, dass der Strom durch den jeweiligen Thyristor unter den Haltestrom absinkt, wodurch dieser gesperrt wird. Dieser Löschvorgang bewirkt die Kommutierung, d.h. den Übergang des Stromes von einem Ventil auf ein anderes. Die Netzlöschung ist identisch mit der „natürlichen Kommutierung". Im folgenden Abschnitt werden nur die Leistungskreise *gesteuerter* Stromrichter betrachtet. Ersetzt man die Thyristoren in den beschriebenen Schaltungen durch Dioden, so erhält man *ungesteuerte* Stromrichter, für die die unten abgeleiteten Beziehungen mit $\alpha = 0$ gültig sind. Die elektronischen Einrichtungen zur Erzeugung der Zündimpulse werden aus Gründen der Übersichtlichkeit weggelassen.

5.3.1 Einpulsgleichrichter

Bild 5.3a zeigt einen Einpulsgleichrichter mit ohmscher Last. Der Transformator dient zur galvanischen Trennung es Gleich- und Wechselstromkreises und zur Spannungsanpassung. Zunächst soll kein Zündimpuls am der Steuerelektrode (Gate) des Thyristors liegen, d.h., er ist gesperrt. Der Strom i ist Null. Die gesamte Spannung liegt über dem Thyristor. Zum Zeitpunkt $\vartheta = \alpha$ wird durch ein Steuergerät ein Zündimpuls u_{st} (Bild 5.3b) an die Steuerelektrode gelegt. Der Thyristor schaltet ein, die Spannung u_v ist praktisch Null (in Wirklichkeit ist der Spannungsabfall in Durchlassrichtung etwa 1V, unabhängig von der Höhe des Durchlassstromes). Der Strom i auf der Sekundärseite wird jetzt nur noch durch die Spannung u_2 und den Lastwiderstand R bestimmt. Zum Zeitpunkt $\vartheta = \pi$ wird die Netzspannung negativ. Der Strom müsste seine Richtung umkehren, was aber auf Grund der Ventilwirkung des Thyristors nicht möglich ist. Deshalb geht der Thyristor nach Unterschreiten des Haltestromes und nach Ablauf der Freiwerdezeit in den gesperrten Zustand über und kann erst in der nächsten positiven Halbschwingung wieder gezündet werden.

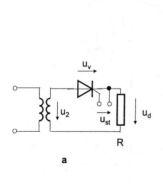

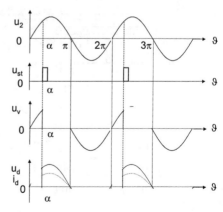

Bild 5.3 Einpulsgleichrichter
a) Schaltung,
b) Zeitfunktionen der wichtigsten Größen

Wird eine derartige Schaltung zur Speisung eines Gleichstrommotors eingesetzt, so interessiert für das Verhalten des Motors vor allem der arithmetische Mittelwert der Gleichrichterausgangsspannung. Bei Vernachlässigung aller Spannungsabfälle im Stromrichter ergibt sich als *ideelle Gleichspannung:*

$$U_{di\alpha} = \frac{1}{2\pi} \int_{\alpha}^{\pi} \sqrt{2} \cdot U_2 \sin \vartheta\, d\vartheta = \frac{\sqrt{2} \cdot U_2}{2\pi} \cdot (1 + \cos\alpha)$$

$$= U_{di0} \frac{1 + \cos\alpha}{2} \tag{5.1}$$

wobei $U_{di0} = 0{,}45 \cdot U_2$ \hfill (5.2)

Man erkennt, dass die Gleichspannung u_d einen Gleichanteil und eine Anzahl Oberschwingungen enthält. Die *Welligkeit* ist ein Maß für diesen Oberschwingungsgehalt, sie ist definiert als das Verhältnis des Effektivwertes aller Oberschwingungen zum Mittelwert der ideellen Gleichspannung U_{di0} (bei Zündwinkel $\alpha = 0$):

$$w = \frac{\tilde{U}_\sigma}{U_{di0}} = \frac{\sqrt{\sum_{\nu} U_{d\nu}^2}}{U_{di0}} = 1{,}21 \tag{5.3}$$

Die Dimensionierung des Thyristors erfolgt nach dem maximalen arithmetischen Mittelwert des Durchlassstromes (aus Gleichung (5.1) für $\alpha = 0$):

$$\bar{I}_d = \frac{U_{di0}}{R} \tag{5.4}$$

sowie nach der maximalen Spannung in Sperr- und Blockierrichtung

$$\hat{u}_v = \sqrt{2} \cdot U_2 = \pi \cdot U_{di0} \tag{5.5}$$

Für die Steuerung von Gleichstrommotoren wird die Einpulsschaltung nur bis zu einer Leistung von etwa 0,5 kW eingesetzt. Um den Stellbereich voll ausnutzen zu können, ist in diesem Falle eine Freilaufdiode D (Bild 5.4) erforderlich. Die hohe Welligkeit des Stromes muss durch eine Glättungsdrossel L_d verringert werden. Zulässige Stromwelligkeiten für Gleichstrommotoren liegen im Bereich von $w_i = 0{,}05 \dots 0{,}5$.

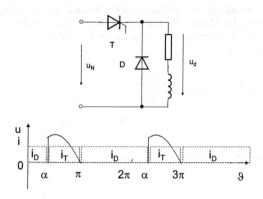

Bild 5.4 Einpulsgleichrichter mit Freilaufdiode

5.3.2 Zweipulsgleichrichter

Zur Verbesserung der Ausnutzung der Ventile und Verringerung der Welligkeit der Gleich-spannung liegt es nahe, auch die negative Halbwelle auszunutzen. Das ist beispielsweise mit einer Zweipulsbrückenschaltung nach Bild 5.5 möglich.

Zunächst soll der Fall der ohmschen Belastung betrachtet werden. Für die positive Strom-richtung sind die Thyristoren 1 und 4 zuständig, die zum Zeitpunkt $\vartheta = \alpha$ gezündet werden. Der Strom i durch den Lastwiderstand R verläuft entsprechend der Kurvenform der Netzspan-nung (Bild 5.6). Zum Zeitpunkt $\vartheta = \pi$ wird der Strom Null, und die Ventile 1 und 4 gehen in den gesperrten Zustand über. Während der negativen Netzspannungshalbschwingung können zum Zeitpunkt $\vartheta = \pi + \alpha$ die Thyristoren 2 und 3 gezündet werden. Die Anordnung der Ventile in einer Brückenschaltung bewirkt, dass der Strom stets in der gleichen Richtung durch die Last fließt.

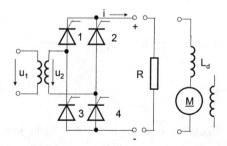

Bild 5.5 Zweipulsbrückenschaltung

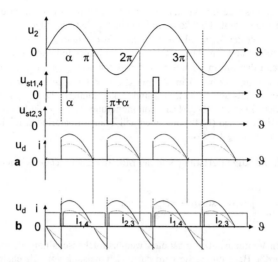

Bild 5.6   Zeitfunktionen der wichtigsten Größen der Zweipulsbrückenschaltung
a) ohmsche Last
b) ohmisch-induktive Last

Der Mittelwert der ideellen Gleichspannung bei ohmscher Last ist

$$U_{di\alpha} = \frac{1}{\pi} \int_{\alpha}^{\pi} \sqrt{2} \cdot U_2 \sin \vartheta \, d\vartheta = \frac{\sqrt{2} \cdot U_2}{\pi} (1 + \cos \alpha) \tag{5.6}$$

$$= U_{di0} \frac{1 + \cos \alpha}{2}$$

wobei

$$U_{di0} = 0{,}9 \, U_2 \, . \tag{5.7}$$

Die Welligkeit der Spannung ist

$$w = \frac{\tilde{U}_\sigma}{U_{di0}} = 0{,}48 \tag{5.8}$$

Etwas andere Verhältnisse ergeben sich bei einer ohmisch-induktiven Belastung.

Setzt man voraus, dass die Induktivität sehr groß ist, so muss der Strom durch diese Drossel und damit durch die gesamte Last konstant bleiben. Das hat zur Folge, dass die Ventile 1 und 4 im Bild 5.5 auch über den Zeitpunkt $\vartheta = \pi$ hinaus Strom führen müssen (Bild 5.6, Kurven b), solange die Ventile 2 und 3 nicht leitfähig sind. Die in der Induktivität gespeicherte magnetische Energie treibt den Strom im Intervall $\pi \leq \vartheta \leq \pi + \alpha$ gegen die negative Netzspannung an. Wenn die Thyristoren 2 und 3 im Zeitpunkt $\vartheta = \pi + \alpha$ gezündet werden, wird der Strom von den Ventilen 1 und 4 auf die Ventile 2 und 3 „kommutiert". Die Thyristoren 1 und 4 gehen in den gesperrten Zustand über. Der Kommutierungsvorgang läuft infolge der wechselstromseitigen Induktivitäten (Netz- und eventuell Transformatorinduktivitäten) in einer endlichen Zeit (Größenordnung 1 ms) ab.

Für die ohmisch-induktive Belastung wird der Mittelwert der ideellen Gleichspannung

$$U_{di\alpha} = \frac{1}{\pi} \int_{\alpha}^{\pi+\alpha} \sqrt{2} \cdot U_2 \sin \vartheta \, d\vartheta = U_{di0} \cdot \cos \alpha \tag{5.9}$$

Infolge der guten Ventilausnutzung hat die Zweipulsbrückenschaltung als Stellglied für elektrische Antriebe große Bedeutung. Sie wird zur Ankerspeisung von Gleichstrommotoren bis zu einer Leistung von etwa 30 kW bei Anschluss an das öffentliche 50 Hz-Netz und bis zu Leistungen von einigen MW für Traktionsantriebe bei Anschluss an das Bahnstromnetz sowie zur Feldsteuerung bis zu einigen 100 kW Motorleistung eingesetzt.

5.3.3 Stromrichter für Drehstromanschluss

5.3.3.1 Dreipulsgleichrichter

Die Wirkungsweise eines Dreipulsgleichrichters soll am Beispiel der Dreipulsmittelpunktschaltung erläutert werden. Entsprechend Bild 5.7 wird der Stromrichter aus dem Drehstromnetz gespeist. Die Glättungsdrossel sei wieder so groß, dass der Laststrom i vollständig geglättet ist. Der sogenannte natürliche Zündzeitpunkt $\alpha = 0$ liegt im Schnittpunkt der Netzspannungskurven ($\vartheta = 30^0$). Der Zündwinkel wird von diesem Punkt aus gemessen. Zum Zeitpunkt $\vartheta = \alpha$ wird Ventil 1 gezündet, das zunächst bis $\vartheta = 150^0$ den Strom führt. In diesem Zeitpunkt wird die Spannung der Phase L2 größer als die der Phase L1, und Ventil 2 könnte den Strom übernehmen. Da dieses Ventil noch nicht gezündet ist, muss infolge der in der Glättungsinduktivität gespeicherten Energie der Strom weiter durch Ventil 1 fließen, bis er auf das nächste Ventil bei dessen Zündung kommutieren kann. Der arithmetische Mittelwert der ideellen Gleichspannung ist

$$U_{di\alpha} = \frac{3}{2\pi} \int_{\frac{\pi}{6}+\alpha}^{\frac{5\pi}{6}+\alpha} \sqrt{2} \cdot U_2 \sin \vartheta \, d\vartheta = \sqrt{2} \cdot U_2 \cdot \frac{\sin \frac{\pi}{3}}{\frac{\pi}{3}} \cdot \cos \alpha \tag{5.10}$$

$$U_{di\alpha} = U_{di0} \cdot \cos \alpha$$

wobei $U_{di0} = 1,17\, U_2$ (5.11)

Die Welligkeit der Spannung nach Gleichung (5.8) ist $w = 0,19$.

Wie aus Bild 5.7 zu erkennen ist, fließt durch die Transformatorsekundärwicklung der Strom stets nur in einer Richtung, d.h., der Transformator-Sekundärstrom enthält einen zeitlich konstanten Anteil. Durch diese Gleichstromkomponente wird der Transformatorkern vormagnetisiert, was zur Folge hat, dass der Transformator nur noch mit einer sehr geringen Leistung im Vergleich zu seiner Bemessungsleistung betrieben werden kann. Wegen dieser Vormagnetisierung ist die Dreipulsmittelpunktschaltung mit einem Transformator in Stern-Stern-Schaltung praktisch nicht brauchbar. Um die Vormagnetisierung aufzuheben, sind besondere Schaltungen (Stern-Zickzack) des Transformators erforderlich. Mit einem derartigen Spezialtransformator ist die Dreipulsmittelpunktschaltung aber auch nur für kleine Leistungen einsetzbar.

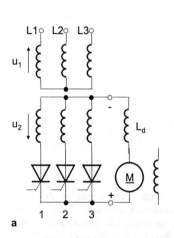
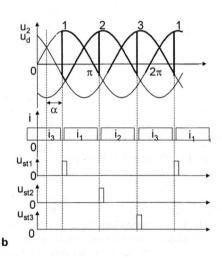

Bild 5.7   Dreipulsmittelpunktschaltung
a) Schaltbild
b) Zeitfunktionen der wichtigsten Größen

5.3.3.2 Sechspulsgleichrichter

Die Nachteile der Dreipulsmittelpunktschaltung kann man beseitigen, wenn man zwei solche Mittelpunktschaltungen mit entgegengesetzter Polarität zusammenschaltet, was zur *Drehstrombrückenschaltung* führt (Bild 5.8). Die Ventile 1, 2, und 3 richten beispielsweise die positiven Halbschwingungen der in den Transformatorsekundärwicklungen induzierten Spannungen gleich, während die Ventile 4, 5 und 6 die negativen Halbschwingungen übernehmen. An den Ausgangsklemmen des Stromrichters entsteht eine Gleichspannung, die doppelt so groß wie die der Dreipulsmittelpunktschaltung ist, mit sechspulsiger Welligkeit.

Es gilt für die ideelle Gleichspannung:

$$U_{di\alpha} = U_{di0} \cdot cos\,\alpha$$

$$U_{di0} = 2{,}34\ U_2 \hspace{4cm} (5.12)$$

$$w = 0{,}04$$

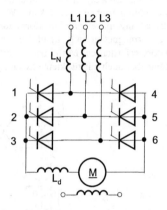

Bild 5.8 Drehstrombrückenschaltung

Die Drehstrombrückenschaltung ist eine der wichtigsten Stromrichterschaltungen, da sie auf Grund der Fortschritte auf dem Gebiet der leistungselektronischen Bauelemente bis zu größten Leistungen eingesetzt werden kann. Kostengünstige Lösungen ergeben sich im Bereich mittlerer Leistungen (einige 100 kW) durch die Möglichkeit des direkten Anschlusses an das 400 V- bzw. 690 V-Netz ohne Transformator. Die Bemessungsausgangsspannungen sind dann aber auf 440 V bzw. 750 V zuzüglich einer gewissen Regelreserve festgelegt.

Bei sehr großen Leistungen (MW-Bereich) sind die Netzrückwirkungen (Oberschwingungen, Blindleistung) so groß, dass der Übergang zu einer zwölfpulsigen Schaltung notwendig wird.

Eine solche Schaltung kann man durch die Reihenschaltung zweier Drehstrombrücken realisieren, die aus Transformatoren der Schaltgruppen Yy 0 und Dy 5 gespeist werden (Bild 5.9).

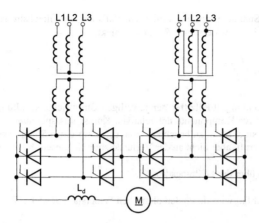

Bild 5.9 Zwölfpulsige Schaltung

5.3.4 Der Stromrichter bei Belastung

Alle bisherigen Betrachtungen bezogen sich auf einen idealisierten Stromrichter, dessen Ausgangsspannung belastungsunabhängig ist. Im realen Stromrichter treten aber eine Reihe von Spannungsabfällen auf:

a) Spannungsabfall über den Ventilen,

  Der Durchlassspannungabfall U_v ist belastungsunabhängig und beträgt bei Thyri-storen etwa 1,5 V. Bei Brückenschaltungen sind stets zwei in Reihe geschaltete Ventile vom Strom durchflossen.

b) Spannungsabfälle im Transformator bzw. im Wechsel- oder Drehstromnetz,

  Diese Spannungsabfälle werden zweckmäßig auf die Gleichstromseite umgerechnet. Die ohmschen Widerstände des Transformators bzw. Netzes repräsentiert der Ersatzwiderstand R_{ers1}:

$$R_{ers1} = \frac{P_{Cu}}{I_{dn}^2} \tag{5.13}$$

wobei P_{Cu} die Kupferverluste bei Bemessungsbetrieb des Transformators und I_{dn} den Bemessungsstrom des Stromrichters darstellen.

Die induktiven Spannungsabfälle werden ebenfalls auf die Gleichstromseite umgerechnet und durch einen Ersatzwiderstände R_{er2} ausgedrückt:

$$R_{ers2} = Y \cdot u_k \cdot \frac{U_{di0}}{I_{dn}} \tag{5.14}$$

wobei Y die Spannungsabfallziffer der jeweiligen Stromrichterschaltung (s. Tabelle 5.1) und u_k die induktive Komponente der relativen Kurzschlussspannung des Transformators bzw. des Netzes sind. Es ist zu beachten, dass R_{ers2} zwar einen Spannungsabfall im Gleichstromkreis hervorruft, aber nicht an der Verlustleistung in diesem Kreis beteiligt ist.

c) Spannungsabfall über der Glättungsdrossel,

Der Spannungsabfall wird durch den ohmschen Widerstand R_d der Glättungsdrossel verursacht.

Die Klemmenspannung des realen Stromrichters ist demnach von der Belastung abhängig:

$$U_{d\alpha} = U_{di\alpha} - U_v - (R_{ers1} + R_{ers2} + R_d) \cdot I_d \tag{5.15}$$

Die Ersatzschaltung für stationären Betrieb zeigt Bild 5.10. Es wird nochmals betont, dass diesen Betrachtungen arithmetische Mittelwerte der einzelnen Größen zu Grunde liegen.

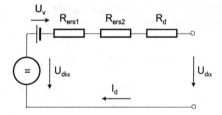

Bild 5.10 Stromrichter-Ersatzschaltung

Tabelle 5.1 Netzgelöschte Stromrichter

Bezeichnung	Schaltbild	Netztransf. erforderlich	Anwendungsbereich	Steuergesetz	U_{dio}/U_2	$\hat{u}_v/U_{dio}$	Pulszahl p / Welligkeit w_u	Spannungs-abfallziffer γ
Drehstrom-brückenschaltung, vollgesteuert		nein	universell einsetzbar bis zu größten Leistungen	$U_{d\alpha} = U_{dio}\cos\alpha$	2,34	1,05	6 / 0,042	0,50
3-Phasen-Saugdrossel-schaltung		ja	für große Leistungen	$U_{d\alpha} = U_{dio}\cos\alpha$	1,17 (ab ca. 0,01 P_n)	2,09	6 / 0,042	0,50
Einphasen-brücken-schaltung, vollgesteuert		nein	Reversierantriebe kleiner Leistung; Bahnantriebe mit Nutzbremsung, Leistung unbegrenzt	$U_{d\alpha} = U_{dio}\cos\alpha$	0,9	1,57	2 / 0,48	0,71
Einphasen-brücken-schaltung, halbgesteuert		nein	Einrichtungsantriebe kleiner Leistung; Bahnantriebe ohne Nutzbremsung, Leistung unbegrenzt	$U_{d\alpha} = U_{dio}(1+\cos\alpha)/2$	0,9	1,57	2 / 0,48	0,71
Einphasen-schaltung mit Freilaufdiode		nein	sehr kleine Leistungen ($P_n < 0,5$ kW)	$U_{d\alpha} = U_{dio}(1+\cos\alpha)/2$	0,45	3,14	1 / 1,21	–

Zur Übung

5.1   Ein Stromrichter in Drehstrombrückenschaltung, dessen Bemessungsstrom I_{dn} = 500 A
beträgt, wird am 400 V-Drehstromnetz ohne Transformator betrieben.
Berechnen Sie:

a) die ideelle Gleichspannung bei $\alpha = 0^0$, 60^0, 90^0 ;

b) die maximale Klemmenspannung bei Bemessungsstrom, wenn im Gleichstromkreis folgende Widerstände wirken:

R_{ers1} = 30 mΩ ; R_{ers2} = 40 mΩ ; R_d = 10 mΩ !

5.3.5 Netzgelöschter Wechselrichter

Entsprechend dem Steuergesetz für vollgesteuerte Schaltungen (Gleichung (5.9), (5.10) und
(5.12)) würden für Zündwinkel $\alpha > 90^0$ negative Werte für $U_{di\alpha}$ auftreten. Diese Spannung
kann aber nur wirksam werden, wenn ein Strom durch die Ventile fließt. Ein solcher Strom
kann nur in positiver Richtung (Durchlassrichtung der Ventile) fließen. Dazu ist aber im
Gleichstromkreis eine Spannungsquelle notwendig (z.B. die im Anker einer Gleichstrommaschine induzierte Spannung U_0), die den Strom in der erforderlichen Richtung durch
die Ventile treibt. Damit wird entsprechend dem Produkt $-U_{di\alpha}I_d$ elektrische Energie aus dem
Gleichstromkreis ins Netz gespeist. Selbstverständlich kann der Strom nur fließen, wenn die
Ankerspannung U_0 im Mittel größer als die Wechselrichterspannung ist:

$$U_0 + U_{di0} \cdot \cos\alpha > 0 \tag{5.16}$$

Im Bild 5.11 sind die Zeitfunktionen für Strom und Spannung eines dreipulsigen Wechselrichters mit großer Glättungsinduktivität dargestellt (vgl. auch Bild 5.7).

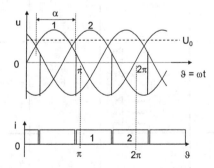

Bild 5.11 Zeitfunktionen von Spannung und Strom beim dreipulsigen netzgelöschten Wechselrichter

5.3.6 Ansteuereinrichtungen

Ansteuereinrichtungen für netzgelöschte Stromrichter (Steuersätze) haben die Aufgabe, entsprechend der Pulszahl des Stromrichters netzsynchrone Zündimpulse zu erzeugen, deren Phasenlage gegenüber dem Nulldurchgang der Netzspannung im allgemeinen in einem Bereich

$$\Delta\alpha = 150^0 \ldots 180^0 \ldots (210^0)$$

verschoben werden kann. Der prinzipielle Aufbau eines Steuersatzes mit analoger Signalverarbeitung ist im Bild 5.12 dargestellt.

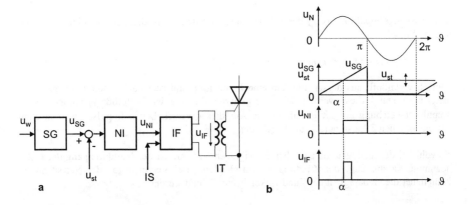

Bild 5.12 Ansteuereinrichtung
a) Blockschaltbild
b) Spannungsverläufe

Der Nulldurchgang der Netzspannung steuert den Sägezahngenerator SG an, der eine möglichst lineare Spannung u_{SG} erzeugt, die mit einer Steuergleichspannung u_{st} (z.B. Ausgangsspannung des Stromreglers) verglichen wird. Der Nullindikator NI wertet den Nulldurchgang der Differenz beider Spannungen aus. Eine Impulsformerstufe IF erzeugt den Zündimpuls mit der erforderlichen Amplitude, Steilheit und Dauer, der über den Impulstransformator IT (galvanische Trennung) dem anzusteuernden Ventil zugeführt wird.

Lösungen mit digitaler Signalverarbeitung realisieren den Steuersatz als Ansteuerautomat mit Hilfe eines Mikrorechners (Bild 5.13), der die Zündsignale S gegenüber den Taktimpulsen (die Taktfrequenz ist entsprechend der Pulszahl des Stromrichters das p-fache der Netzfrequenz) um das Intervall T_α (entsprechend dem Zündwinkel α) verzögert.

Die Aufgabe des Ansteuerautomaten besteht im Einzelnen:

- in der Ableitung von p netzsynchronen Impulsen aus den Nulldurchgängen der Netzspannung,

- in der zeitlichen Verschiebung der Zündimpulse gegenüber den Synchronisationsimpul-
  sen proportional zu einem abgetasteten Signal y_1^* der Stellgröße,

- in der Bildung von p Zündimpulsen definierter Dauer. Zum Beispiel ist $p = 6$ für eine
  Drehstrombrückenschaltung.

Die Ausgangssignale r_1, r_2, r_3 der Komparatoren werden im Addierwerk zu einem resultierenden Signal

$$y_2 = r_1 \bar{r}_2 + r_2 \bar{r}_3 + r_3 \bar{r}_1 \qquad (5.17)$$

logisch verknüpft, aus dessen Flanken eine Impulsfolge mit sechsfacher Netzfrequenz abgeleitet wird. Durch diese werden Zeitgeber gestartet, die eine der Stellgröße y_1^* proportionale
Impulsverschiebung um $T\alpha$ gewährleisten. Aus diesen verschobenen Impulsen werden dann
die eigentlichen Zündsignale S_1 bis S_6 gebildet.

Sowohl bei der analogen als auch bei der digitalen Variante ist der Nulldurchgang der Netzspannung für die Lage der Zündimpulse entscheidend. Bei Verzerrungen der Netzspannung
kann daher die Genauigkeit der Zündwinkel beeinträchtigt werden.

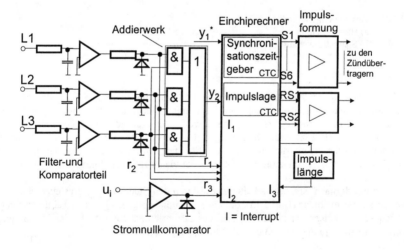

Bild 5.13 Blockschaltbild des Ansteuerautomaten

Zur Selbstkontrolle

-   Erläutern Sie die Wirkungsweise der Einphasenbrückenschaltung bei ohmscher und induktiver Last!

-   Wie kann mit Hilfe eines gesteuerten netzgelöschten Stromrichters Energie aus dem Gleichstromkreis in den Wechselstromkreis übertragen werden?

5.4 Selbstgelöschte Stromrichter

Bei Speisung aus einem Gleichstromnetz können nichtabschaltbare steuerbare Halbleiterventile (Thyristoren) wegen des fehlenden Nulldurchganges der Netzspannung nicht wieder in den gesperrten Zustand gelangen. Deshalb entstanden in der Vergangenheit eine Reihe von Schaltungen, die unter Verwendung eines zusätzlichen Energiespeichers (meistens eines Kondensators) den Strom durch das jeweilige Ventil für eine gewisse Zeit (Freihaltezeit) unter den Haltestrom absenkten und somit die Sperrung des Ventils ermöglichten. Dieser Vorgang wurde als Zwangskommutierung oder Selbstlöschung bezeichnet. Heute werden in derartigen Stromrichtern abschaltbare Ventile eingesetzt, wodurch die umfangreichen Löschschaltungen nicht mehr benötigt werden. Der einfachste selbstgelöschte Stromrichter ist der Einquadrantenpulssteller (Tiefsetzsteller), der im Folgenden betrachtet werden soll.

5.4.1 Einquadrantenpulssteller

Der Pulssteller hat die Aufgabe, ausgehend von einer konstanten Gleichspannung, eine Gleichspannung mit einstellbarem Mittelwert zu erzeugen, die beispielsweise zur Speisung eines Gleichstrommotors dienen kann. Das kann durch periodisches Ein- und Ausschalten eines Schalters geschehen (Bild 5.14). Bei genügend großer Induktivität im Lastkreis (Ankerkreis) verläuft der Strom angenähert linear, wie weiter unten beim Vierquadrantenpulssteller gezeigt wird. Die Diode D ist die Freilaufdiode. Der arithmetische Mittelwert wir durch das Tastverhältnis

$$\ddot{u} = \frac{T_e}{T} \tag{5.18}$$

$$U_A = \frac{1}{T} \int_0^{T_e} U_0 \, dt = U_0 \cdot \frac{T_e}{T} = U_0 \cdot \ddot{u} \tag{5.19}$$

wobei T_e die Einschaltzeit, T_a die Ausschaltzeit und T die Pulsperiodendauer bedeuten.

Die Pulsfrequenz des Stellers ist

$$f_p = \frac{1}{T} \tag{5.20}$$

und beträgt 0,2 bis 1 kHz bei GTO-Pulsstellern und mehrere 10 kHz bei Transistorpulsstellern (IGBT, MOSFET).

Maßgebend für die Drehmoment- und damit für die Drehzahlungleichförmigkeit bei Einsatz des Pulsstellers in elektrischen Antrieben ist die Schwankungsbreite des Stromes, die sich bei Vernachlässigung des ohmschen Widerstandes des Ankerkreises ergibt zu

$$\Delta I_A = I_{Amax} - I_{Amin} = \frac{U_0}{(L_A + L_d) \cdot f_p} \cdot \ddot{u} \cdot (1 - \ddot{u}) \tag{5.21}$$

wobei I_A den Ankerstrom, L_A die Ankerinduktivität und L_d die Glättungsinduktivität darstellen.

Das Maximum der Schwankungsbreite tritt bei $\ddot{u} = 0,5$ auf.

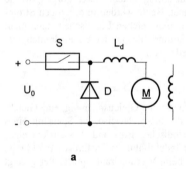 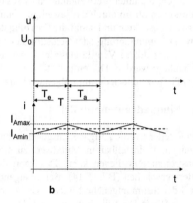

Bild 5.14   Prinzip des Pulsstellers
a) Schaltung
b) Spannungs- und Stromverlauf

Der Schalter S im Bild 5.14 kann mittels IGBT oder GTO-Thyristoren realisiert werden (Bild 5.15, ohne eventuell notwendige Beschaltungsnetzwerke):

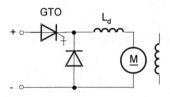 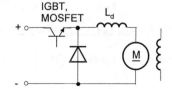

Bild 5.15 Ausführungsformen des Schalters S

Diese Schaltung ist nur für den Einquadrantenbetrieb geeignet; soll der Antrieb generatorisch arbeiten, d.h. elektrisch gebremst werden, muss der Pulssteller durch eine Schützen- oder Relaisschaltung in der im Bild 5.16 angegebenen Weise umgruppiert werden.

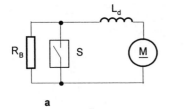 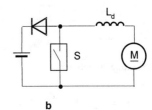

Bild 5.16   Bremsschaltungen mit Pulssteller
a) Widerstandsbremsung
b) Nutzbremsung

Für viele Aufgaben (insbesondere bei hohen dynamischen Anforderungen an den Antrieb) ist eine solche mechanische Umschaltung nicht akzeptabel. Die Lösung ist in solchen Fällen der Einsatz eines Vierquadrantenpulsstellers.

5.4.2 Vierquadrantenpulssteller

Die Prinzipschaltung eines Transistorpulsstellers für Vierquadrantenbetrieb ist im Bild 5.17 gezeigt. Jeweils zwei Transistoren werden eingeschaltet, um eine positive oder negative Spannungszeitfläche an den Ausgangsklemmen A und B zu erzeugen. Je nach Einschaltdauer der Transistorpaare entsteht ein positiver oder negativer arithmetischer Mittelwert der Klemmenspannung. Damit kann der Motor im Rechts- oder Linkslauf betrieben werden. Die Energierückspeisung beim Bremsen erfolgt über die Diodenpaare D1 und D4 oder D2 und D3. Aus dem Ersatzschaltbild (Bild 5.18) lassen sich die Strom- und Spannungsverläufe ermitteln.

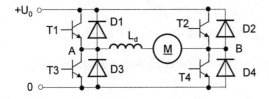

Bild 5.17
Vierquadrantenpulssteller

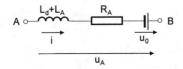

Bild 5.18
Ersatzschaltung der Last

Bei Stillstand des Motors gilt:

$$u_0 = k \cdot \Phi \cdot \omega = 0$$

$$\overline{U}_A = 0$$

$$u_A = \pm U_0$$

Die Spannungsgleichung

$$u_A = (L_d + L_A) \cdot \frac{di}{dt} + i \cdot R_A + u_0 \qquad (5.22)$$

liefert für $R_A = 0$

$$\frac{di}{dt} = \frac{U_0}{L_d + L_A} \qquad (5.23)$$

Der zeitliche Verlauf von u_A und i ist im Bild 5.19 dargestellt. Verändert man die Einschaltdauer der Transistorschalter (Bild 5.19b), so erhält man den Mittelwert der Ausgangsspannung zu

$$\overline{U}_A = \frac{1}{T} \int\limits_0^T u_A \, dt = \frac{1}{T} \left[\int\limits_0^{t_1} U_0 \, dt + \int\limits_{t_1}^T (-U_0) \, dt \right] \qquad (5.24)$$

$$\overline{U}_A = \frac{1}{T} U_0 (t_1 - T + t_1) = U_0 \left(\frac{2t_1}{T} - 1 \right) \qquad (5.25)$$

oder

$$\frac{\overline{U}_A}{U_0} = \frac{2t_1}{T} - 1 \qquad (5.26)$$

Demnach muss z.B. für $\overline{U}_A = 0{,}5 U_0$ $t_1 = 0{,}75T$ werden, und für $t_1 = T/2$ ist $\overline{U}_A = 0$.

Die Dimensionierung der Transistoren und Dioden erfolgt nach der maximalen Spannung

$$U_T ; \ U_D = U_0$$

und dem maximalen Strom bei Motorbetrieb

$$I_T = \hat{I}_{max} \qquad (U_A / U_0 = 1)$$

bzw. bei Bremsbetrieb

$$I_D = \hat{I}_{max} \qquad (U_A / U_0 = -1).$$

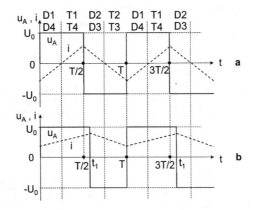

Bild 5.19   Zeitverläufe der Ausgangsspannung und des -stromes beim Vierquadrantensteller
a) Stillstand der Gleichstrommaschine
b) Motorbetrieb

5.4.3 Selbstgelöschte Wechselrichter

Selbstgelöschte Wechselrichter sind Bestandteil von Umrichtern, die mit einem Zwischenkreis
arbeiten. Sie werden deshalb auch als Zwischenkreisumrichter bezeichnet. In diesem Zwischenkreis existieren Gleichgrößen. Der Umrichter besteht aus einem netzseitigen Stromrichter
als Gleichrichter und einem maschinenseitigen Stromrichter als Wechselrichter. Der Wechselrichter benötigt stets steuerbare und abschaltbare Ventile, da er mit Gleichgrößen gespeist wird.
Als Ventile werden weitgehend IGBT-Module eingesetzt. Nur bei sehr großen Leistungen finden heute noch GTO-Thyristoren Anwendung. Es existieren je nach Art des Energiespeichers
im Zwischenkreis zwei Ausführungsformen, solche mit einem Gleichspannungszwischenkreis
(Energiespeicher ist ein Kondensator) und solche mit einem Gleichstromzwischenkreis (Energiespeicher ist eine Drossel). Letztere haben auf Grund ihrer Eigenschaften (sie wirken wie
eine Stromquelle, Bild 5.20a)) stark an Bedeutung verloren. Dagegen wirken Umrichter mit
einem Kondensator im Zwischenkreis wie eine Spannungsquelle (Bild 5.20b), d.h. sie erzeugen
ein belastungsunabhängiges, autonomes Spannungssystem. Sie sind daher universell einsetzbar.

5.4.3.1 Umrichter mit Spannungszwischenkreis

Der maschinenseitige Stromrichter zur Speisung von Drehstrommaschinen wird praktisch
ausschließlich in Drehstrombrückenschaltung ausgeführt. Für den Spannungswechselrichter
(d.i. ein Wechselrichter, der aus einem Gleichspannungszwischenkreis gespeist wird) ist die
Prinzipschaltung im Bild 5.21 dargestellt. Dabei besteht jeder Ventilzweig aus der Antiparallelschaltung eines beliebig ein- und ausschaltbaren Ventils und einer Rückstrom-(Blindstrom-)
Diode.

Wenn an den Ausgangsklemmen a, b und c der Schaltung ein symmetrisches Dreiphasensystem entstehen soll, müssen die wie Schalter wirkenden Ventile zyklisch periodisch betätigt werden. Eine Periode der Ausgangsspannung setzt sich aus sechs identischen Takten zusammen.

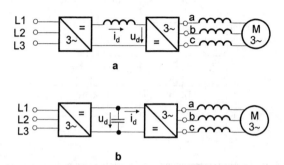

a

b

Bild 5.20   Grundsätzliche Umrichterausführungen
             a) Umrichter mit Gleichstromzwischenkreis und Stromwechselrichter
             b) Umrichter mit Spannungszwischenkreis und Spannungswechselrichter

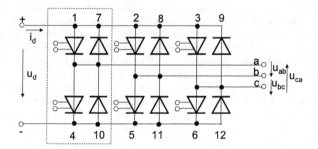

Bild 5.21   Prinzipschaltung des Spannungswechselrichters in Drehstrombrückenschaltung unter Verwendung beliebig ein- und ausschaltbarer Ventile 1 ... 6

Es existieren zwei Betriebsarten des maschinenseitigen Stromrichters, der getaktete Betrieb und der gepulste Betrieb oder auch Pulsbetrieb. Beim getakteten Betrieb bleibt das Ventil während des gesamten Taktes eingeschaltet, und zwar mit einer Einschaltdauer $\lambda = 2\pi/3$, d.h. einem Drittel der Periodendauer, oder mit $\lambda = \pi$, d.h. einer halben Periodendauer. Bei gepulsten Betrieb werden die Ventile zusätzlich innerhalb eines Taktes ein- und ausgeschaltet. Dadurch erhält man die Möglichkeit, die Amplitude der gewünschten ersten Harmonischen der Ausgangsspannung mit dem maschinenseitigen Stromrichter zu steuern.

5.4.3.2 Bildung der Ausgangsspannung beim Spannungswechselrichter

Getakteter Betrieb

Im getakteten Betrieb ist der Steuerungsaufwand am geringsten. Bild 5.22 zeigt die möglichen Schaltzustände der Ventile und die sich dabei ergebenden Ausgangsspannungen des Wechselrichters. Entsprechend den Bezeichnungen im Bild 5.21 sind im Bild 5.22 die Leitphasen der Ventile 1 bis 6 für π- und $2\pi/3$-Taktung eingetragen. Die Ventile 1 bis 6 bleiben während der gesamten Einschaltdauer leitend. Die Blindstromdioden 7 bis 12 befinden sich dagegen nur so lange im leitenden Zustand, wie tatsächlich Strom fließt. Im Bild 5.22 sind als Beispiel die Ausgangsspannungen u_{ab} bezogen auf die Zwischenkreisspannung U_d bei Motorlast dargestellt.

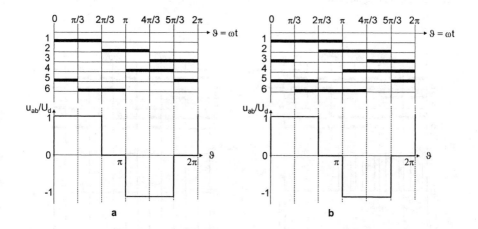

Bild 5.22   Bildung der Ausgangsspannung beim getakteten Spannungswechselrichter
a) $2\pi/3$-Taktung
b) π-Taktung

Bei Betrieb mit einer Einschaltdauer von $\lambda = 2\pi/3$ sind innerhalb eines Taktes jeweils nur zwei Ventile eingeschaltet, wodurch die Kurvenform der Ausgangsspannung belastungsabhängig wird. Auf Grund dieser veränderlichen Spannungskurvenform können bei Speisung eines A-synchronmotors durch einen Wechselrichter mit einer solchen Einschaltdauer der Ventile selbsterregte Schwingungen im System Stromrichter – Motor auftreten. Aus dem Leitschema für π-Taktung erkennt man, dass in jedem Takt stets drei der Ventile 1 bis 6 eingeschaltet sind und damit das Potenzial der Ausgangsklemmen a, b und c eindeutig festgelegt ist. Schwingungen können hier nicht auftreten. Deshalb wird bei Betrieb von Asynchronmaschinen diese Taktung auch bei Pulsbetrieb verwendet.

Pulsbetrieb

Im Pulsbetrieb werden die Ventile 1 bis 6 innerhalb eines Taktes mehrfach ein- und ausgeschaltet. Im Bild 5.23 ist als Beispiel eine sechsfache Pulsung dargestellt, d.h., es ergeben sich innerhalb eines Taktes sechs Ausgangsspannungsimpulse. Die Bezeichnungen in diesem Bild beziehen sich wieder auf Bild 5.21. Im Folgenden werden zwei wesentliche Methoden der Pulsung betrachtet.

Bei der sogenannten *Wechsellöschung* (Bild 5.23a) werden die Ventile der oberen und unteren Brückenhälfte jeweils um einen Puls versetzt ein- und ausgeschaltet. Bei nichtlückendem Strom übernehmen nach dem Ausschalten des jeweiligen Ventils wie beim Vierquadranten-pulssteller die Blindstromdioden den Strom. Damit ist die Spannung zwischen zwei Ausgangsklemmen des Wechselrichters entweder gleich dem positiven bzw. negativen Wert der Zwischenkreisspannung oder Null.

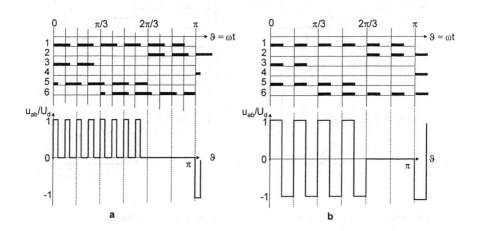

Bild 5.23   Bildung der Ausgangsspannung bei gepulstem Wechselrichter
a) Wechsellöschung
b) Volllöschung

Bei der sogenannten *Volllöschung* (Bild 5.23b) werden Ventile der oberen und unteren Brückenhälfte gleichzeitig ein- und ausgeschaltet. Damit kann die Spannung zwischen zwei Ausgangsklemmen nur entweder den positiven oder den negativen Wert der Zwischenkreisspannung annehmen (vgl. auch Vierquadrantenpulssteller). Die im Bild 5.23 angeführten Spannungskurven gelten für eine konstante Pulsfrequenz innerhalb einer Periode der Ausgangsspannung (symmetrische Pulsbreitenmodulation).

5.4.3.3 Steuerverfahren für Spannungswechselrichter

Die Aufgabe der stromrichternahen Signalverarbeitung besteht wie bei netzgelöschten Stromrichtern in der Bereitstellung von Steuerbefehlen (Zündsignalen) für die Wechselrichterventile sowie in der Realisierung von Schutzfunktionen. Die folgenden Betrachtungen beschränken sich wieder auf die Speisung von Drehstrommotoren unter Verwendung eines Wechselrichters in Drehstrombrückenschaltung, deren Prinzip im Bild 5.21 dargestellt wurde. Das für die Speisung des Motors erforderliche Dreiphasensystem, das symmetrisch sein soll, wird, wie bereits erwähnt, durch periodisches Ein- und Ausschalten der sechs steuerbaren Wechselrichterventile erzeugt. Mit der Forderung nach einem symmetrischen Dreiphasensystem ist die Anzahl der Möglichkeiten der Taktung, wie bereits dargestellt wurde, stark eingeschränkt (Bilder 5.22 und 5.23). Die Amplitude der Ausgangsspannung ist, wie man aus diesen Bildern ersehen kann, von der Zwischenkreisspannung oder von der Pulsbreite abhängig. Die nachfolgenden Betrachtungen beschränken sich wegen der praktischen Bedeutung für den Einsatz bei elektrischen Antrieben auf den getakteten Betrieb und auf den Pulsbetrieb. Die technische Realisierung der einzelnen Steuerverfahren erfolgt zweckmäßig mit digitalen Strukturen, da der Wechselrichter von Natur aus ein diskret bzw. diskontinuierlich arbeitendes Gebilde ist.

Getakteter Betrieb

Die Verwirklichung eines Steuerregimes entsprechend Bild 5.22 ist mit digitalen Mitteln verhältnismäßig einfach. Das Problem der potenzialfreien Ansteuerung der Ventile muss auch hier wie bei allen Stromrichtern gelöst werden. Aufgabe dieser Steuereinrichtung ist die Schaffung eines symmetrischen, autonomen Dreiphasensystems, dessen Frequenz in weiten Grenzen einstellbar ist. Die Amplitude dieses Dreiphasensystems wird durch den netzseitigen Stromrichter beeinflusst. Im Bild 5.24 ist ein Beispiel für die Gewinnung der Steuersignale dargestellt. In Abhängigkeit von der Führungsgröße (Drehzahlsollwert oder Regelabweichung) erzeugt ein Taktgeber die sechsfache Ausgangsfrequenz des Wechselrichters und steuert damit ein 6-bit-Umlaufregister (Ringzähler). Durch eine kombinatorische Schaltung können die erforderlichen Steuersignale gebildet werden. Bild 5.25 zeigt das zugehörige Impulsdiagramm. Für die Ansteuerung eines Transistorwechselrichters mit π-Taktung müssen durch die UND- bzw. NOR-Gatter folgende Basissignale erzeugt werden:

$$y_1 = q_1 \cdot q_2 \cdot q_3 = \overline{\overline{q_1} + \overline{q_2} + \overline{q_3}}$$

$$y_2 = q_3 \cdot q_4 \cdot q_5 = \overline{\overline{q_3} + \overline{q_4} + \overline{q_5}}$$

$$y_3 = q_5 \cdot q_6 \cdot q_1 = \overline{\overline{q_5} + \overline{q_6} + \overline{q_1}}$$

$$y_4 = q_4 \cdot q_5 \cdot q_6 = \overline{\overline{q_4} + \overline{q_5} + \overline{q_6}}$$

$$y_5 = q_6 \cdot q_1 \cdot q_2 = \overline{\overline{q_6} + \overline{q_1} + \overline{q_2}}$$

$$y_6 = q_2 \cdot q_3 \cdot q_4 = \overline{\overline{q_2} + \overline{q_3} + \overline{q_4}}$$

(5.27)

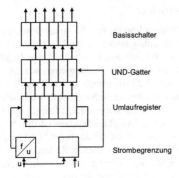

Basisschalter

UND-Gatter

Umlaufregister

Strombegrenzung

Bild 5.24
Prinzip der Steuerung eines getakteten
Wechselrichters

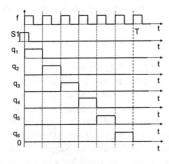

Bild 5.25
Impulsdiagramm zu Bild 5.24

Pulsbetrieb

Durch periodisches Ein- und ausschalten der Wechselrichterventile innerhalb eines Taktes kann die Wechselrichterausgangsspannung gepulst werden. Das Leitschema der Ventile und die daraus resultierenden Ausgangsspannungen sind für zwei Beispiele im Bild 5.23 abgebildet. Durch die Breite der einzelnen Impulse kann der Mittelwert einer Halbschwingung und damit auch die Amplitude der Grundschwingung der Ausgangsspannung festgelegt werden. Bei stetiger Veränderung der Impulsbreite ist damit auch eine stetige Beeinflussung dieser Grundschwingung möglich, d.h., bei Pulsbetrieb kann der Wechselrichter mit konstanter Zwischenkreisspannung betrieben werden, was hinsichtlich des Netzstromrichters Vorteile bringt.

Technisch wichtige Formen des Pulsbetriebes sind:

-     Betrieb mit konstanter Pulsbreite über die gesamte Periode (symmetrische Pulsbreitenmodulation),

-     Betrieb mit sinusförmig gestaffelter Pulsbreite über eine Halbperiode (sinus-bewertete Pulsbreitenmodulation, Unterschwingungsverfahren),

-     Betrieb mit beliebiger Pulsbreite (Zündmuster, vorausberechnete Zünd- und Löschzeitpunkte).

Symmetrische Pulsbreitenmodulation

Die einfachste Form des gepulsten Betriebes ist die symmetrische Pulsbreitenmodulation. Die Ein- und Ausschaltzeitpunkte der Ventile innerhalb eines Taktes werden durch den Vergleich einer Sägezahnspannung mit Pulsfrequenz f_p, die wesentlich größer als die Ausgangsfrequenz f_s (hier: Frequenz der Ständerspannung eines Drehstrommotors) des Wechselrichters sein soll, mit einer Gleichspannung U_{st} (Eingangsspannung der Ansteuereinrichtung, Drehzahlsollwert im Falle einer Steuerung oder Regelabweichung) gewonnen (Bild 5.26). Diese gewonnene Impulsfolge u_{fp} wird einer kombinatorischen Schaltung zugeführt, die die Taktdauer festlegt und im Wesentlichen aus UND-Gattern besteht.

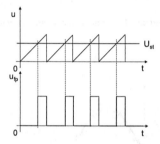

Bild 5.26
Ermittlung der Schaltzeitpunkte bei symmetrischer Pulsbreitenmodulation

Sinusbewertete Pulsbreitenmodulation

Bei diesem Verfahren wird eine Dreieckspannung mit Pulsfrequenz f_p durch eine Sinusspannung mit Wechselrichterausgangsfrequenz f_s abgetastet. Die Schnittpunkte der beiden Spannungskurven markieren die Ein- und Ausschaltzeitpunkte der Ventile (Bild 5.27).

Bei einem dreiphasigen Wechselrichter sind drei Sinusspannungen

$$u_1 = U_{soll} \sin \omega_s t \,,$$

$$u_2 = U_{soll} \sin (\omega_s t + 2\pi/3) \,, \qquad\qquad\qquad (5.28)$$

$$u_3 = U_{soll} \sin (\omega_s t + 4\pi/3)$$

erforderlich, die durch eine spezielle Funktionseinheit, die Drehstromsollwertquelle DSQ, bereitgestellt werden müssen. Diese Art der Pulsbreitensteuerung wird auch als gesteuertes Unterschwingungsverfahren bezeichnet.

Eine andere Möglichkeit ist der Betrieb als geregeltes Unterschwingungsverfahren. Hierbei werden die Istwerte der drei Wechselrichterausgangsströme bzw. Ständerstrangströme des Motors mit ihren sinusförmigen Sollwerten verglichen; die Regelabweichungen werden drei Zweipunktreglern zugeführt, deren Ausgangssignale die Schaltzeitpunkte der Wechselrichterventile festlegen (Bild 5.28). Je nach möglicher Pulsfrequenz ist die Annäherung der Ströme an die vorgegebene Sinusform unterschiedlich gut.

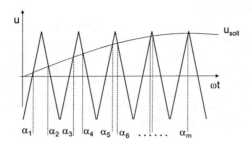

Bild 5.27 Ermittlung der Schaltzeitpunkte bei sinusbewerteter Pulsbreitenmodulation (gesteuertes Unterschwingungsverfahren)

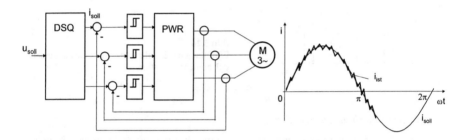

Bild 5.28 Geregeltes Unterschwingungsverfahren

Optimierter Pulsbetrieb

Die Optimierung des Pulsbetriebes durch Vorausberechnung der Ein- und Ausschaltzeitpunkte kann nach unterschiedlichen Kriterien erfolgen, wie z.B. Elimination bzw. Herabsetzung bestimmter Oberschwingungen in der Ausgangsspannung oder Minimierung von Verlusten im Motor. Grundlage für die nachfolgenden Betrachtungen soll ein Wechselrichter mit Wechsellöschung sein. Der Verlauf der Ausgangsspannung u_{a0} und u_{b0} gegen einen tatsächlich vorhandenen oder fiktiven Mittelleiter des Zwischenkreises ist im Bild 5.29 gezeigt. Die Motorklemmenspannung u_{ab} ergibt sich aus der Differenz der beiden Spannungen u_{a0} und u_{b0}. Die Ansteuerung der sechs Ventile, d.h. die Wahl der Zündwinkel α_1 bis α_m, muss gewährleisten, dass ein symmetrisches Dreiphasensystem mit einstellbarer Grundschwingungsamplitude entsteht. Ausgangspunkt für die Berechnung der Zündwinkel ist entweder die Fourieranalyse der Ausgangsspannung (für den Fall der Elimination einzelner Harmonischer) oder die Minimierung zusätzlicher, durch die Oberschwingungen verursachte Stromwärmeverluste durch Berechnung des Minimums einer Verlustleistungsfunktion, die die Zündwinkel α_i (α_1 bis α_m) enthält.

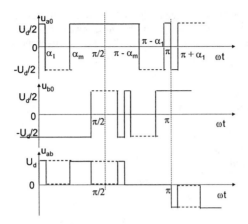

Bild 5.29 Spannungsverläufe bei optimiertem Pulsbetrieb

Die Anwendung optimierter Pulsmuster setzt also eine Vorausberechnung einer Vielzahl von Zündwinkeln für jeden Wert der gewünschten Ausgangsfrequenz des Wechselrichters voraus. Um die Menge der Werte für die Zündwinkel einigermaßen zu begrenzen, kann die Ausgangsfrequenz nicht beliebig fein verstellt werden. Schon Stufungen von 0,1 Hz liefern große Datensätze. Diese vorausberechneten Zündwinkel gelten im Allgemeinen nur für eine bestimmte Konfiguration Stromrichter – Motor. Eine Änderung des Motortyps oder der Motorleistung erfordert wegen der damit verbundenen Veränderung der Motorparameter meist eine Neuberechnung der Zündmuster, so dass dieses Steuerverfahren wenig flexibel und relativ aufwendig ist.

Spannungsvektorsteuerung

Dieses Verfahren kann als eine allgemeingültige Lösung des Ansteuerproblems für alle Varianten der Vektorregelung von Drehstrommaschinen betrachtet werden. Die Realisierung setzt eine Ansteuerung über einen Mikrorechner voraus. Eine anschauliche Beschreibung soll an Hand eines Vektordiagramms („Vektor" im Sinne einer räumlich komplexen Größe, s.a. Kapitel 7) im Bild 5.30 erfolgen. Ausgangspunkt ist ein Wechselrichter in Drehstrombrückenschaltung. Es wird angenommen, dass in den Brückenzweigen a, b und c immer ein Ventil leitfähig ist. Ein leitfähiges Ventil in der oberen Brückenhälfte soll gleichbedeutend mit dem Potenzial 1 der betreffenden Ausgangsklemme sein, während ein leitfähiges Ventil in der unteren Brückenhälfte den Potenzialwert 0 bewirkt. Es sind die in Tabelle 5.2 wiedergegebenen acht diskreten Schaltzustände sinnvoll. Je nach Dauer der einzelnen Schaltzustände lassen sich innerhalb der Sektoren I bis VI im Bild 5.30 beliebige Mittelwerte der Ausgangsspannungsvektoren U_s des Wechselrichters erzeugen, wenn man arithmetische Mittelwerte der durch die einzelnen Schaltzustände erzeugten Spannungen (z.B. U_1 und U_2 im Bild 5.30) zu Grunde legt. Auf Grund der drei innerhalb einer Abtastperiode möglichen Schaltzustände (der dritte Schaltzustand liegt dann vor, wenn alle Ventile der oberen oder der unteren Brückenhälfte gleichzeitig leitfähig sind), wird das Verfahren auch als Tripelverfahren bezeichnet. Zweckmäßig wird die Reihenfolge der Schaltzustände so gewählt, dass jeweils nur ein Ventil in jedem Zweig geschaltet werden muss, um den nächsten vom Rechner auszugebenden Zustand zu erreichen (z.B. $0^- \rightarrow 1 \rightarrow 2 \rightarrow 0^+ \rightarrow 2 \rightarrow 1 \rightarrow 0^-$, vgl. auch Bild 5.31).

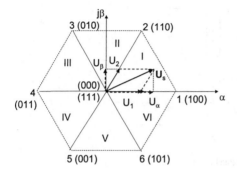

Bild 5.30
Bildung des mittleren Spannungsvektors U_s durch diskrete Schaltzustände 1, 2 und 0^+

Tabelle 5.2 Potenziale φ_a, φ_b und φ_c der Ausgangsklemmen in Abhängigkeit von den Schaltzuständen des Wechselrichters

Schaltzustand	Potenzial φ_a	Potenzial φ_b	Potenzial φ_c
0^-	0	0	0
1	1	0	0
2	1	1	0
3	0	1	0
4	0	1	1
5	0	0	1
6	1	0	1
0^+	1	1	1

Geht man von den Komponenten U_α und U_β der zu realisierenden Spannung U_s (arithmetischer Mittelwert!) aus und bezeichnet mit:

$U_{\alpha 1}$ und $U_{\beta 1}$ die arithmetischen Mittelwerte der Spannungskomponenten des Schaltzustandes 1,

$U_{\alpha 2}$ und $U_{\beta 2}$ die arithmetischen Mittelwerte der Spannungskomponenten des Schaltzustandes 2,

T_1 und T_2 die Zeitdauer des Schaltzustandes 1 bzw. 2,

T_0 die Zeitdauer des Nullzustandes,

so wird mit der Abtastzeit T

$$T = T_1 + T_2 + T_0 \tag{5.29}$$

$$U_\alpha = \frac{U_{\alpha 1} \cdot T_1}{T} + \frac{U_{\alpha 2} \cdot T_2}{T} \tag{5.30}$$

$$U_\beta = \frac{U_{\beta 1} \cdot T_1}{T} + \frac{U_{\beta 2} \cdot T_2}{T} \tag{5.31}$$

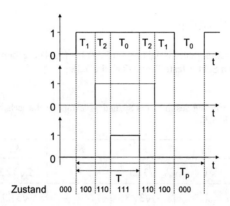

Bild 5.31 Potenziale der Ausgangsklemmen bei vorgegebenen Schaltzuständen

Die zur Verwirklichung der Komponenten U_α und U_β erforderlichen Zeitdauern der Schaltzustände sind, wenn man alle Spannungen zweckmäßig auf $2/3 U_d$ bezieht:

$$\frac{T_1}{T} = K_1 \frac{U_\alpha}{2/3 U_d} - K_2 \frac{U_\beta}{2/3 U_d} \tag{5.32}$$

$$\frac{T_2}{T} = -K_3 \frac{U_\alpha}{2/3 U_d} + K_4 \frac{U_\beta}{2/3 U_d} \tag{5.33}$$

$$\frac{T_0}{T} = 1 - \frac{T_1}{T} - \frac{T_2}{T} \tag{5.34}$$

Bezeichnet man die auf $2/3U_d$ bezogenen Spannungskomponenten mit $U^*_{\alpha 1}$, $U^*_{\alpha 2}$, $U^*_{\beta 1}$, $U^*_{\beta 2}$, so erhält man die Koeffizienten aus den Gleichungen (5.32) und (5.33):

$$K_1 = \frac{U^*_{\beta 2}}{N} \qquad\qquad K_2 = \frac{U^*_{\alpha 2}}{N}$$

(5.35)

$$K_3 = \frac{U^*_{\beta 1}}{N} \qquad\qquad K_4 = \frac{U^*_{\alpha 1}}{N}$$

Das Nennerpolynom lautet

$$N = U^*_{\alpha 1} \cdot U^*_{\beta 2} - U^*_{\alpha 2} \cdot U^*_{\beta 1} \tag{5.36}$$

Infolge der normierten Darstellung der Gleichungen (5.32) bis (5.34) ergeben sich für die Koeffizienten K_1 bis K_4 für jeden Sektor feste Werte (Tabelle 5.3).

Tabelle 5.3   Koeffizienten zur Bildung des mittleren Spannungsvektors für die sechs Sektoren des Vektordiagrammes Bild 5.30

Sektor	K_1	K_2	K_3	K_4
I	1	$\sqrt{3}/3$	0	$2\sqrt{3}/3$
II	1	$-\sqrt{3}/3$	1	$\sqrt{3}/3$
III	0	$-2\sqrt{3}/3$	1	$-\sqrt{3}/3$
IV	-1	$-\sqrt{3}/3$	0	$-2\sqrt{3}/3$
V	-1	$\sqrt{3}/3$	-1	$-\sqrt{3}/3$
VI	0	$2\sqrt{3}/3$	-1	$\sqrt{3}/3$

Zur Selbstkontrolle

-   Erläutern Sie das Prinzip der Zwangslöschung am Beispiel des Einquadrantenstellers!

-   Was versteht man unter einem Spannungs- bzw. Stromwechselrichter?

-   Charakterisieren Sie die Ansteuerverfahren für Spannungswechselrichter!

-   Erläutern Sie die Spannungsvektorsteuerung!

6 Stromrichtergespeiste Gleichstromantriebe

6.1 Verhalten bei kontinuierlicher Stromführung

Im Abschnitt 3.2.2 wurde bereits das Verhalten des fremderregten Gleichstrommotors behandelt. Voraussetzung für die Gültigkeit der dort abgeleiteten Beziehungen ist ein kontinuierlich fließender (nichtlückender) Ankerstrom. Der ohmsche Widerstand des Ankerkreises setzt sich aus dem eigentlichen Ankerwiderstand R_A, dem Widerstand einer eventuell vorhandenen Glättungsdrossel R_d und den beiden Ersatzwiderständen R_{ers1} und R_{ers2} (Gleichungen (5.13) und (5.14)) zusammen. Die Drehzahl des Motors wird infolge der beiden Energiespeicher Ankerkreisinduktivität und Trägheitsmoment des Antriebsystems durch den arithmetischen Mittelwert der Klemmenspannung $U_{d\alpha}$ des Motors bestimmt. Bild 6.1 zeigt das Ersatzschaltbild des stromrichtergespeisten Motors. Daraus lässt sich die Spannungsgleichung des Ankerkreises ablesen:

$$u_{di\alpha} - u_0 = i \cdot (R_e + R_A) + (L_e + L_A) \cdot \frac{di}{dt} \tag{6.1}$$

wobei R_e Ersatzwiderstand des Stromrichterstellgliedes,

L_e Ersatzinduktivität des Stromrichterstellgliedes

darstellen.

Ferner gelten für den Gleichstrommotor folgende Beziehungen:

$$u_0 = k \cdot \varphi \cdot \omega \tag{6.2}$$

$$m = k \cdot \varphi \cdot i \tag{6.3}$$

$$m = m_A + J \cdot \frac{d\omega}{dt} \tag{6.4}$$

Dieses Gleichungssystem, eventuell ergänzt durch das Gleichungssystem des Erregerkreises, bildet auch die Grundlage für die Beschreibung des dynamischen Verhaltens, d.h. für die Berechnung der Übertragungsfunktionen.

Für den stationären Betrieb ($d/dt = 0$) lassen sich folgende Beziehungen bei konstantem Erregerfluss angeben:

$$U_{di\alpha} - U_0 = I \cdot (R_e + R_A) \tag{6.5}$$

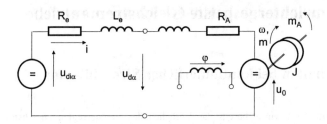

Bild 6.1 Ersatzschaltbild des stromrichtergespeisten Gleichstrommotors

$$U_0 = k \cdot \Phi \cdot \Omega \tag{6.6}$$

$$M = k \cdot \Phi \cdot I \tag{6.7}$$

Für den p-pulsigen netzgelöschten Stromrichter gilt

$$U_{di\alpha} = U_{di0} \cdot \cos\alpha \tag{6.8}$$

Damit ist entsprechend Bild 6.1

$$U_{d\alpha} = U_{di0} \cdot \cos\alpha - U_v - I \cdot (R_A + R_{ers1} + R_{ers2} + R_d) \tag{6.9}$$

Die Drehzahl-Drehmoment-Kennlinie lässt sich daraus wie folgt formulieren:

$$\Omega = \frac{U_{di0} \cdot \cos\alpha - U_v}{k \cdot \Phi} - M \cdot \frac{R_A + R_{ers1} + R_{ers2} + R_d}{(k \cdot \Phi)^2} \tag{6.10}$$

Die Strom-Drehmoment-Kennlinie ist für den arithmetischen Mittelwert des Ankerstromes

$$I = \frac{M}{k \cdot \Phi} \tag{6.11}$$

Die durch Gleichung (6.10) beschriebene Drehzahl-Drehmoment-Kennlinie existiert zunächst nur im 1. Quadranten des Kennlinienfeldes. Erst durch Verwendung eines Umkehrstromrichters kann ein Betrieb in allen vier Quadranten ermöglicht werden. Es gelten dann die im Bild 3.9 gezeigten Kennlinien.

Ein Betrieb oberhalb der Bemessungsdrehzahl bzw. der Bemessungsspannung ($U_{d\alpha} = U_n$) ist durch Feldschwächung möglich.

6.2 Verhalten bei diskontinuierlicher Stromführung

Da der Ankerstrom dem Drehmoment proportional ist, kann u.U. die vorhandene Ankerkreisinduktivität bei sehr kleinen Belastungen und großen Zündwinkeln ($\alpha \approx 90^0$) den kontinuierlichen Stromfluss nicht mehr aufrechterhalten. Es treten innerhalb einer Pulsperiode stromlose Intervalle auf (Lückbetrieb). Zur Erläuterung des Sachverhaltes wird zunächst nochmals der Stromverlauf bei nichtlückendem Betrieb mit endlicher Ankerkreisinduktivität betrachtet (Bild 6.2). Der Zusammenhang zwischen Zeitwinkel ϑ und Zündwinkel α ist

$$\vartheta = \alpha + \frac{\pi}{2} - \frac{\pi}{p} \tag{6.12}$$

wobei p die Pulszahl des Stromrichters ist.

Der Strom ist nur unvollständig geglättet und schwankt zwischen den Extremwerten I_{max} und I_{min}. Der arithmetische Mittelwert des Stromes ist angenähert

$$\bar{I}_d \approx \frac{I_{max} + I_{min}}{2} \tag{6.13}$$

Die Extremwertwelligkeit ist

$$w_i = \frac{I_{max} - I_{min}}{I_{max} + I_{min}} \tag{6.14}$$

und die Effektivwertwelligkeit lässt sich zu $w_{ieff} \approx 2w_i$ berechnen.

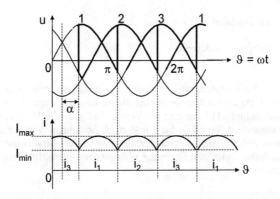

Bild 6.2 Spannungs- und Stromverläufe bei nichtlückendem Betrieb

Die Grenze der kontinuierlichen Stromführung wird für $I_{min} = 0$ erreicht (Lückgrenze). Negative Werte für den Strom sind wegen der Ventilwirkung der Halbleiterschalter nicht möglich. Im Bild 6.3 sind die Spannungs- und Stromverläufe bei Lückbetrieb dargestellt. Die Stromflussdauer t_f ist

$$\omega t_f = \vartheta_2 - \vartheta_1 \tag{6.15}$$

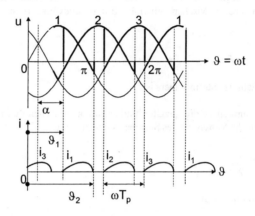

Bild 6.3 Spannungs- und Stromverläufe bei lückendem Betrieb

Im Bild 6.3 bedeuten

ϑ_1 Zündwinkel

ϑ_2 Löschwinkel

T_p Pulsperiodendauer

Im Lückbetrieb wird die Motordrehzahl durch die Spannungszeitfläche während der Stromflussdauer bestimmt. Da keine Überlappung der Stromführung der einzelnen Ventile auftritt, ist $R_{ers2} = 0$. Aus Gleichung (6.1) kann man bei Vernachlässigung der Ventilspannungsabfälle U_v die Drehzahl-Drehmoment-Kennlinie bei Lückbetrieb berechnen, wenn man davon ausgeht, dass innerhalb einer Pulsperiode die Winkelgeschwindigkeit des Motors konstant ist. Damit ist aber auch die im Anker induzierte Spannung u_0 konststant. Eine Mittelwertbildung aus Gleichung (6.1) liefert

$$\frac{p}{\pi}\int_{\vartheta_1}^{\vartheta_2}\hat{u}\cdot sin\,\vartheta d\vartheta = \frac{p}{\pi}\int_{\vartheta_1}^{\vartheta_2}U_0 d\vartheta + (R_{ers1} + R_A + R_d)\frac{p}{\pi}\int_{\vartheta_1}^{\vartheta_2}id\vartheta + \omega(L_A + L_d)\int_{\vartheta_1}^{\vartheta_2}di \tag{6.16}$$

Die Amplitude der Wechselspannung $\hat{u}$ ergibt $U_{di0} = \hat{u} \dfrac{p}{\pi} \sin \dfrac{\pi}{p}$.

Außerdem ist $\displaystyle\int_{\vartheta_1}^{\vartheta_2} di = 0$.

Den Strommittelwert erhält man aus

$$\bar{I} = \frac{p}{\pi} \int_{\vartheta_1}^{\vartheta_2} i \, d\vartheta \qquad (6.16a)$$

Die Motorwinkelgeschwindigkeit ist dann

$$\Omega = \frac{1}{\omega t_f} \cdot \frac{\hat{u}}{k \cdot \Phi} \left(cos\, \vartheta_1 - cos\, \vartheta_2 - \frac{\bar{I}}{\hat{u}} \cdot \frac{2\pi}{p} (R_{ers1} + R_A + R_d) \right) \qquad (6.17)$$

Die Stromflussdauer t_f bzw. der Löschwinkel ϑ_2 lässt sich aus der Integration der Zustandsgleichung des Stromes bestimmen:

$$\frac{di}{dt} = \frac{1}{L_A + L_d} \left(u_{di\alpha} - u_0 - i \cdot R_{ges} \right) \qquad (6.18)$$

Mit den Randbedingungen $\qquad t = t_1$ bzw. $\vartheta = \vartheta_1$, $i = 0$

und $\qquad\qquad\qquad\qquad\qquad t = t_2$ bzw. $\vartheta = \vartheta_2$, $i = 0$

wird

$$0 = sin\, \vartheta_2 - \omega T_A \cdot cos\, \vartheta_2 + (\omega T_A \cdot cos\, \vartheta_1 - sin\, \vartheta_1) \cdot e^{-\frac{\vartheta_f}{\omega T_A}} - \frac{u_0}{\hat{u}}(1 + \omega^2 T_A^2)(1 - e^{-\frac{\vartheta_f}{\omega T_A}}) \qquad (6.19)$$

Mit $\qquad T_A = \dfrac{L_A + L_d}{R_{ges}}$ $\qquad\qquad\qquad\qquad\qquad\qquad\qquad$ (6.19a)

und $\qquad tan\, \psi = \omega \dfrac{L_A + L_d}{R_{ges}} = \omega T_A$ $\qquad\qquad\qquad\qquad$ (6.19b)

ergeben sich ϑ_1 aus Gleichung (6.12) und $\vartheta_2 = f(\vartheta_1, u_0/\hat{u}, T_A)$.

Die Auswertung der Gleichung (6.19) für die Drehstrombrückenschaltung liefert das im Bild 6.4 dargestellte Diagramm, aus dem der Löschwinkel bestimmt werden kann.

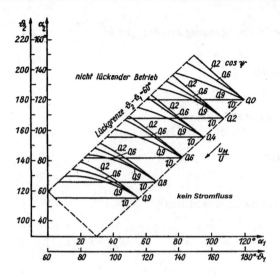

Bild 6.4 Löschwinkel bei Lückbetrieb einer Drehstrombrückenschaltung

Wichtig ist im Zusammenhang mit der Stromrichterspeisung die Motorbeanspruchung durch größere Stromanstiegsgeschwindigkeiten. Diese Stromanstiegsgeschwindigkeit lässt sich für den stillstehenden Motor vereinfacht abschätzen:

$$\frac{di}{dt} = \frac{U_{d\,max}}{L_A + L_d} \tag{6.20}$$

Die Stromanstiegsgeschwindigkeit darf einen maximal zulässigen Wert nicht überschreiten:

$$\left(\frac{di}{dt}\right)_{zul} \leq 1000 \cdot I_n \,/\, s \tag{6.21}$$

I_n ist der Ankerbemessungsstrom.

Die maximale Stromanstiegsgeschwindigkeit ergibt für $L_d = 0$, $U_{dmax} = U_{di0}$ und

$$L_A = \frac{U_n}{I_n \cdot N_n} \cdot k_L \tag{6.22}$$

wobei

N_n Bemessungsdrehzahl,

$k_L = 0,02 \dots 0,03$ Induktivitätsfaktor,

$U_n \approx 0,85\, U_{di0}$

sind, zu

$$\left(\frac{di}{dt}\right)_{max} = \frac{I_n \cdot N_n}{0,85 \cdot k_L} \tag{6.23}$$

6.3 Dimensionierung der Drossel im Ankerkreis

Die Drossel im Ankerkreis hat zwei Aufgaben:

- Begrenzung der *Welligkeit* des Ankerstromes,

- Festlegung der *Lückgrenze* des Ankerstromes.

6.3.1 Begrenzung der Welligkeit

Die Welligkeit des Ankerstromes wird durch den Oberschwingungsgehalt der ideellen Gleichspannung und die Gesamtinduktivität des Ankerkreises bestimmt. Bei Vernachlässigung des Ankerkreiswiderstandes lassen sich die einzelnen Harmonischen des Ankerstromes wie folgt berechnen:

$$\sqrt{2} \cdot U_{kp} \cos(k \cdot p \cdot \vartheta + \varphi_k) = (L_A + L_d) \cdot k \cdot p \cdot \omega \sqrt{2} \cdot I_{kp}(-\sin(k \cdot p \cdot \omega + \psi_k)) \tag{6.24}$$

mit

k	Ordnungszahl der Harmonischen,
p	Pulszahl des Stromrichters,
ω	Netzkreisfrequenz,
φ_k	Phasenwinkel der Spannungsharmonischen,
ψ_k	Phasenwinkel der Stromharmonischen.

Der Effektivwert der jeweiligen Harmonischen des Stromes ist

$$I_{kp} = \frac{U_{kp}}{\omega \cdot k \cdot p(L_A + L_d)} \tag{6.25}$$

Die *Effektivwertwelligkeit* wird definiert als

$$w_i = \frac{U_{di0} \sqrt{\sum_{k=1}^{n} \left(\frac{U_{kp}}{U_{di0} \cdot k \cdot p}\right)^2}}{I_d \cdot \omega (L_A + L_d)} \tag{6.26}$$

Das ist die Summe der Effektivwerte von n Oberschwingungsströmen bezogen auf den Gleichstrommittelwert.

Als *Welligkeitsfaktor* wird festgelegt

$$f_w = \frac{1}{\omega} \sqrt{\sum_{k=1}^{n} \left(\frac{U_{kp}}{U_{di0} \cdot k \cdot p} \right)^2} \tag{6.27}$$

Damit wird aus Gleichung (6.26)

$$w_i = \frac{U_{di0}}{I_d \cdot (L_A + L_d)} \cdot f_w \tag{6.28}$$

oder

$$L_d = \frac{U_{di0} \cdot f_w}{w_i \cdot I_d} - L_A \tag{6.29}$$

Aus Gleichung (6.29) lässt sich die zur Einhaltung einer bestimmten Welligkeit des Ankerstromes erforderliche Glättungsinduktivität berechnen. Den Welligkeitsfaktor f_w entnimmt man in Abhängigkeit vom Zündwinkel und von der Pulszahl des Stromrichters entsprechenden Diagrammen (Bild 6.5a) oder Tabellen. Für eine Drehstrombrückenschaltung ($p = 6$) und $\alpha = 90^0$ ist $f_w = 0{,}134$ ms.

6.3.2 Festlegung der Lückgrenze

Wie im Bild 6.3 zu erkennen ist, muss die Drossel im Gleichstromkreis die Differenz zwischen der Netzspannung u_N und der im Anker induzierten Spannung u_0 aufnehmen, wenn kein Strom mehr fließt. Wenn die Motordrehzahl in diesem Intervall als konstant betrachtet wird, ist auch die Ankerspannung konstant:

$$u_L = u_N - U_0 \tag{6.30}$$

Die Spannungsgleichung bei Vernachlässigung des ohmschen Widerstandes lautet:

$$\omega L \frac{di}{d\vartheta} = \sqrt{2} U_N \cos(\vartheta - \frac{\pi}{6} + \alpha) - U_0 \tag{6.31}$$

mit $L = L_A + L_d$ $\tag{6.31a}$

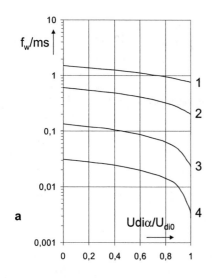
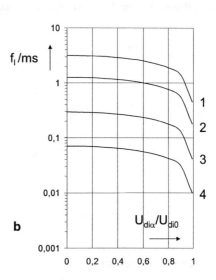

Bild 6.5 Welligkeits- und Lückfaktoren bei Netz
frequenz
a) Welligkeitsfaktor,
b) Lückfaktor

1: Zweipulsstromrichter
2: Dreipulsstromrichter
3: Sechspulsstromrichter
4: Zwölfpulsstromrichter

Für die Drehstrombrückenschaltung (B6C) ist die Stromführdauer im Lückbetrieb

$$0 \le \vartheta_f < \pi/3$$

Die Integration der Gleichung (6.31) liefert die Zeitfunktion des Stromes i:

$$i = \frac{\sqrt{2}U_N}{\omega L}\left[\sin(\vartheta - \frac{\pi}{6} + \alpha) - \sin(\alpha - \frac{\pi}{6})\right] - \frac{U_0 \cdot \vartheta}{\omega L} \qquad (6.32)$$

Zum Zeitpunkt $\vartheta = \vartheta_f$ wird $i = 0$. Damit kann die induzierte Ankerspannung berechnet werden:

$$\frac{U_0}{U_{di0}} = \frac{\pi}{3} \cdot \frac{1}{\vartheta_f}\left[\sin(\vartheta_f - \frac{\pi}{6} + \alpha) - \sin(\alpha - \frac{\pi}{6})\right] \qquad (6.33)$$

mit $\qquad U_{di0} = \frac{3}{\pi} \cdot \sqrt{2}U_N \qquad (6.34)$

für einen Drehstromgleichrichter mit der Leiter-Leiter-Spannung U_N.

Der arithmetische Mittelwert des Stromes im Lückbetrieb ist

$$I_{dl} = \frac{3}{\pi}\left[\frac{\sqrt{2}U_N}{\omega L}(\int\limits_0^{\vartheta_f}\sin(\vartheta - \frac{\pi}{6} + \alpha)d\vartheta - \sin(\alpha - \frac{\pi}{6})\int\limits_0^{\vartheta_f}d\vartheta) - \frac{U_0}{\omega L}\int\limits_0^{\vartheta_f}\vartheta d\vartheta\right]$$ (6.35)

Unter Verwendung von Gleichung (6.33) wird für die Lückgrenze $\vartheta_f = \pi/3$

$$I_{dl} = \frac{3}{\pi}\cdot\frac{2\sqrt{2}U_N}{\omega L}(\frac{1}{2} - \frac{\pi}{6}\cdot\frac{\sqrt{3}}{2})\sin\alpha$$ (6.36)

$$= 0,092\frac{U_{di0}}{\omega L}\sin\alpha$$

Definiert man als Lückfaktor f_l

$$f_l = \frac{0,092\sin\alpha}{\omega}$$ (6.37)

so erhält man die im Bild 6.5b dargestellten Kurven 3. Für $\omega = 314 \text{ s}^{-1}$ und $\alpha = 90^0$ wird für eine Drehstrombrückenschaltung $f_l = 0,293$ ms.

Die für die Einhaltung der Lückgrenze bei vorgegebenem Strom I_{dl} erforderliche Zusatzinduktivität im Gleichstromkreis errechnet sich zu

$$L_d = \frac{U_{di0}\cdot f_l}{I_{dl}} - L_A$$ (6.38)

6.4 Reversierantriebe

6.4.1 Prinzip der Umkehrschaltungen

Um bei einem Gleichstrommotor Drehrichtung und Drehmoment umkehren zu können (Reversieren und Bremsen), müssen Ankerspannung und Ankerstrom ihre Richtung umkehren. Das ist bei Stromrichterspeisung eines Gleichstrommotors wegen der Ventilwirkung der leistungselektronischen Bauelemente nur mit zusätzlichem Aufwand möglich. Grundprinzipien mit netzgelöschten Stromrichtern sind in Tabelle 6.1 zusammengestellt. Als Beispiel wird die Ankerumkehrschaltung näher betrachtet. Die vollständige Schaltung ist im Bild 6.6 dargestellt. Sie kann mit oder ohne Kreisstrom betrieben werden.

Bei einer *kreisstromfreien Schaltung* arbeitet grundsätzlich nur einer der beiden Stromrichter, während der andere gesperrt ist. Die beiden Stromrichter 1 und 2 sind jeweils einer Dreh- bzw. Stromrichtung zugeordnet. Diese Schaltung zeichnet sich durch einen verhältnismäßig geringen elektronischen Aufwand aus, hat aber den Nachteil, dass zur sicheren Sperrung des betreffenden Stromrichters beim Umschalten eine stromlose Pause von einigen Millisekunden erforderlich ist.

Tabelle 6.1 Stromrichter-Umkehrschaltungen

	Ankerumschaltung	Anker-Umkehrschaltung	Feld-Umkehrschaltung
Prinzipschaltung			
Bemerkungen	Umschaltung nur bei $i_d = 0$	Betrieb als kreisstromfreie oder kreisstromgeregelte Schaltung	Umschaltung des Feldes nur bei $i_d = 0$
Zeit für Drehmomentumkehr	0,2 ... 0,5 s	0,01 ... 0,1 s	≈ 1 s

Bei einer anderen Betriebsweise können aber auch beide Stromrichter gleichzeitig angesteuert werden, z.B. Stromrichter 1 als Gleichrichter und Stromrichter 2 als Wechselrichter. Dabei entsteht ein sogenannter Kreisstrom, der nicht über den Motor fließt (Bild 6.6). Dieser Kreisstrom ist ein reiner Kurzschlussstrom zwischen den beiden Stromrichtern, der die Stromrichterventile und das Netz zusätzlich belastet. Deshalb muss der Kreisstrom durch Einhaltung bestimmter Steuergesetze für die beiden Stromrichter und durch Kreisstromdrosseln begrenzt werden. Die Einhaltung der Steuergesetze und Begrenzung des Kreisstromes kann auch durch entsprechende Regelkreise gewährleistet werden. Der elektronische Aufwand einer solchen *kreisstromgeregelten Schaltung* ist höher als bei der kreisstromfreien Schaltung. Die Kreisstromregelung hat aber den Vorteil, dass der Lückbereich des Ankerstromes ausgeschlossen wird und keine stromlose Pause auftritt, was sich günstig auf die Dynamik auswirkt. Bei Anwendung digitaler Regelstrukturen können allerdings die Nachteile der kreisstromfreien Schaltungen weitgehend minimiert werden, so dass heute ausschließlich die kreisstromfreie Schaltung eingesetzt wird.

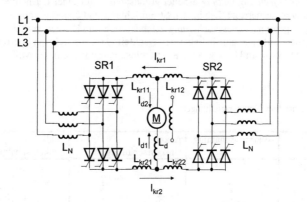

Bild 6.6 Ankerumkehrschaltung

Das Verhalten der im Bild 6.6 dargestellten Schaltung soll durch folgende Gleichungen beschrieben werden. Die im Anker induzierte Spannung ist

$$U_0 = k \cdot \Phi \cdot \Omega \tag{6.39}$$

Die vom Stromrichter 1 erzeugte ideelle Gleichspannung ergibt sich zu

$$U_{di\alpha1} = U_{dio} \cos \alpha_1 \tag{6.40}$$

Entsprechend gilt für Stromrichter 2

$$U_{di\alpha2} = U_{di0} \cos \alpha_2 \tag{6.41}$$

Werden beide Stromrichter so gesteuert, dass

$$\alpha_1 + \alpha_2 = \pi \tag{6.42}$$

ist, so wird

$$U_{di\alpha1} = -U_{di\alpha2} \tag{6.43}$$

d.h., die Mittelwerte der beiden Stromrichterausgangsspannungen sind gleich und heben sich
auf. Damit wird auch der Mittelwert des Kreisstromes Null.

Der Übergang des Stromes von Stromrichter 1 auf Stromrichter 2 bei einem Brems- bzw. Reversiervorgang erfolgt stetig, wie das im Bild 6.7 dargestellt ist (vgl. Abschnitt 3.2.2.4, Nutzbremsung).

Wird der zum Arbeitspunkt P_1 gehörende Zündwinkel α_{11} auf den Wert α_{12} unter Einhaltung der Gleichung (6.43) vergrößert, ergibt sich der im Bild 6.7 eingezeichnete Verlauf bis zum Erreichen des neuen stationären Punktes P_2. Stromrichter 2 arbeitet als Wechselrichter und liefert Energie ins Netz. Gleiches gilt für den Reversiervorgang von P_3 nach P_4.

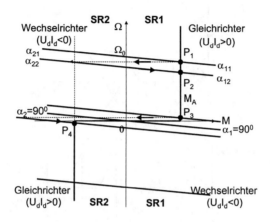

Bild 6.7   Drehzahl-Drehmoment-Kennlinienfeld bei Zwischenbremsen und Reversieren mit der Ankerumkehrschaltung

6.4.2 Begrenzung des Kreisstromes

Obwohl die Summe der Mittelwerte der beiden Spannungen $u_{di\alpha1}$ und $u_{di\alpha2}$, die den Kreisstrom antreiben, gleich Null ist, erkennt man aus dem zeitlichen Verlauf dieser beiden Spannungen, dass die Summe der Augenblickswerte von Null verschieden ist (Bild 6.8). Dieses Bild gibt für zwei verschiedene Zündwinkelpaare entsprechend Gleichung (6.42) die für den Kreisstrom maßgebende Spannung wieder. Der Kreisstrom wird durch die Induktivitäten L_{kr1} und L_{kr2} begrenzt. Da die Zeitfunktionen der Spannungen $u_{di\alpha1}$ und $u_{di\alpha2}$ außerdem von der Induktivität im Ankerkreis beeinflusst werden, besteht eine Abhängigkeit von $L_{ges} = L_A + L_d$. Zur Bestimmung des Kreisstrommittelwertes kann das im Bild 6.9 dargestellte Diagramm benutzt werden.

Dieses Diagramm gilt für die beiden Grenzfälle $L_{ges} = 0$ und $L_{ges} = \infty$ bei $f_N = 50$ Hz. Man erhält den Kreisstrommittelwert zu

$$\overline{I}_{kr}\,/\,A = \overline{I}_{kr} * \frac{U_{di0}\,/\,V}{L_{kr}\,/\,mH} \tag{6.44}$$

mit $L_{kr} = L_{kr1} + L_{kr2}$

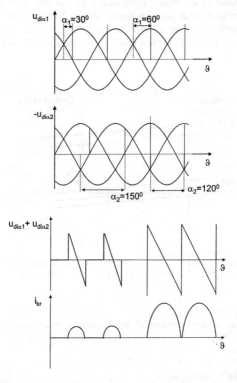

Bild 6.8   Spannungsverläufe bei Antiparallelschaltung von zwei Drehstrombrücken
$u_{di\alpha1} + u_{di\alpha2}$: treibende Spannung im Kreisstromkreis

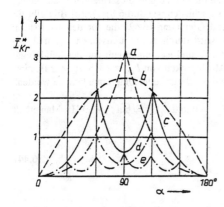

a: Einphasenbrückenschaltung $L_{ges} = \infty$

b: Dreiphasenmittelpunktschaltung $L_{ges} = 0$

c: Dreiphasenmittelpunktschaltung $L_{ges} = \infty$

d: Dreiphasenbrückenschaltung $L_{ges} = 0$

e: Dreiphasenbrückenschaltung $L_{ges} = \infty$

Bild 6.9   Bezogener Kreisstrom $\bar{I}_{kr}^{*}$
($\alpha_1 + \alpha_2 = \pi$, $L_{kr1} = L_{kr2}$)

Bei der Antiparallelschaltung von zwei Brückenschaltungen treten zwei Kreisströme auf, zu deren Begrenzung je ein Kreisstromdrosselpaar in jedem Zweig erforderlich ist (Bild 6.6). Die Dimensionierung der Kreisstromdrosseln erfolgt für den ungünstigsten Fall so, dass ein vorgegebener Wert des Kreisstromes (z.B. $0,1\ I_n$) nicht überschritten wird. Eine Verkleinerung der Induktivitäten lässt sich erreichen durch:

1) eine unsymmetrische Aussteuerung der beiden Stromrichter mit $\alpha_1 + \alpha_2 = \pi + \varepsilon$, ein Minimum des Kreisstromes wird im Bereich $\varepsilon = 30^0 \ldots 60^0$ erreicht, wenn ein Stromrichter ständig bei maximaler Wechselrichteraussteuerung arbeitet;

2) Regelung des Kreisstromes, wobei die Induktivitäten für $\alpha_1 = 30^0$ und $\alpha_2 = 150^0$ festgelegt werden;

3) Unterdrückung des Kreisstromes mittels spezieller Regelstrukturen, bei denen Gleichung (6.42) nur in der Nähe des Stromnulldurchganges eingehalten wird;

4) Sperrung der Zündimpulse der jeweils nicht benötigten Stromrichtergruppe (kreisstromfreie Schaltung), wodurch die Kreisstromdrosseln völlig entfallen können.

Neben dem oben beschriebenen stationären Kreisstrom muss bei schnellen Zündwinkeländerungen noch mit einem dynamischen Kreisstrom infolge des unterschiedlichen Steuerverhaltens der Stromrichter bei Zündwinkelvergrößerung und Zündwinkelverringerung bei herkömmlichen Thyristorstromrichtern gerechnet werden.

Zur Selbstkontrolle

- Unter welchen Voraussetzungen kann es bei einem stromrichtergespeisten Gleichstromantrieb zum Lücken des Ankerstromes kommen?

- Nach welchen Gesichtspunkten ist eine zusätzliche Induktivität im Ankerkreis auszulegen?

- Welche Möglichkeiten zur Drehmoment- und Drehrichtungsumkehr mit netzgelöschten Stromrichtern gibt es?

- Wie kann der Kreisstrom bei Umkehrstromrichtern begrenzt oder vermieden werden?

6.4.3 Regelstrukturen

Die Regeleinrichtungen von Gleichstrom-Umkehrantrieben müssen so konzipiert werden, dass ein möglichst verzögerungsfreier Übergang des Stromes von einer Stromrichtergruppe auf die andere gewährleistet ist. Ziel ist die Beherrschung des Kreisstromes und Gewährleistung eines schnellen Umsteuervorganges für Ankerstrom und Drehzahl.

6.4.3.1 Kreisstromregelung

Die Struktur einer Kreisstromregelung ist im Bild 6.10 dargestellt. Jeder Stromrichter verfügt über einen eigenen Stromregelkreis. Der Stromsollwert (Ausgangssignal des Drehzahlreglers) wird vorzeichenbehaftet jeweils einem Stromregelkreis zugeführt. Außerdem wird den Stromregelkreisen der Kreisstromsollwert aufgeschaltet.

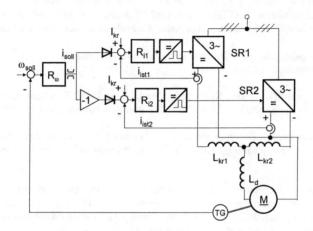

Bild 6.10 Struktur einer Kreisstromregelung

Durch den aktiven Stromrichter fließt also die Summe aus Motorstrom und Kreisstrom, durch den anderen nur der Kreisstrom. Die Wirkungsweise der Schaltung bei Umkehr der Stromrichtung ist im Bild 6.11 zu erkennen. Wesentlich ist, dass der Lückbereich des Stromrichterausgangsstromes durch den Kreisstrom vermieden wird.

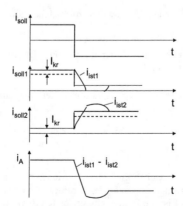

Bild 6.11 Zeitliche Verläufe der Ströme bei einem Reversiervorgang in einer kreisstromgeregelten Schaltung

Damit ist im gesamten Betriebsbereich ein gleichbleibend gutes dynamisches Verhalten gesichert. Der Kreisstromsollwert wird üblicher Weise mit $0{,}1\ I_n$ vorgegeben. Für diesen Strom müssen die Kreisstromdrosseln ihre Bemessungsinduktivität aufweisen. Bei höheren Strömen ist eine Sättigung der Drosseln zulässig. Wird die Wechselrichtertrittgrenze bei 150^0 festgelegt, werden die Drosseln für $\alpha_1 = 30^0$ und $\alpha_2 = 150^0$ bemessen.

6.4.3.2 Kreisstromfreie Schaltung

Der Kreisstrom und seine negativen Auswirkungen (Blindleistung, höhere Belastung der Stromrichter, Erfordernis zusätzlicher Induktivitäten) können durch eine sogenannte kreisstromfreie Schaltung vermieden werden (Bild 6.12). Die Stromrichter 1 und 2 werden vom Ausgangssignal des Stromreglers entsprechend Gleichung (6.42) gesteuert. Jedoch werden die Zündimpulse der jeweils nicht benötigten Stromrichtergruppe gesperrt, so dass kein Kreisstrom auftreten kann.

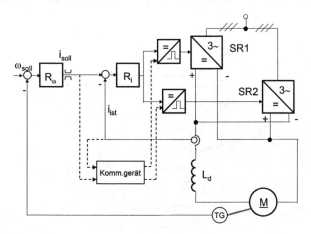

Bild 6.12 Struktur einer kreisstromfreien Schaltung

Es gibt im Gegensatz zur kreisstromgeregelten Schaltung nur einen Stromregelkreis für den Ankerstrom. Wird beispielsweise die Umkehr der Stromrichtung von Stromrichter 1 auf Stromrichter 2 gefordert, so müssen zuerst die Zündsignale für den Stromrichter 1 gesperrt werden. Nachdem der Strom dieser Stromrichtergruppe Null geworden ist, können die Zündsignale für den Stromrichter 2 freigegeben werden. Werden die Zündsignale für diese Stromrichtergruppe vor Erreichen der Sperrfähigkeit des Stromrichters 1 freigegeben, tritt ein Kreisstrom auf, der wegen der fehlenden Kreisstromdrosseln bei dieser Schaltung ein reiner Kurzschlussstrom ist. Deshalb muss die Steuerung dieses Vorganges durch eine spezielle Baugruppe, dem sogenannten Kommandogerät, übernommen werden, die zu gewährleisten hat, dass

-    die Zündimpulse des Stromrichters 1 erst bei Nulldurchgang des Stromes gesperrt werden („Kippen" des Wechselrichters!),

- die Zündimpulse des Stromrichters 2 erst freigegeben werden, wenn der Stromrichter 1 sicher gesperrt ist (Freiwerdezeit der Ventile),

- die Zündimpulse des Stromrichters 2 bei ihrer Freigabe eine dem geforderten Ankerstrom entsprechende Lage haben, um Stromspitzen zu vermeiden (Reglerführung).

Bild 6.13 erläutert einen Bremsvorgang. Die Umschaltzeit T_p (stromlose Pause) ist unvermeidlich und liegt bei 1 bis 5 ms.

Der Vorteil der kreisstromfreien Schaltung besteht im Wegfall der Kreisstromdrosseln und im Wegfall der zusätzliche Belastungen der Stromrichter und des Netzes durch den Kreisstrom sowie in der einfacheren Regelstruktur. Der wesentliche Nachteil der kreisstromfreien Schaltung im unvermeidlichen Durchlaufen des Lückbereiches. Um ein gleichbleibend gutes dynamisches Verhalten der Ankerstromregelung zu erzielen, muss ein adaptiver Stromregler vorgesehen werden.

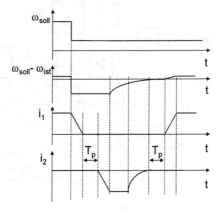

Bild 6.13 Zeitlicher Verlauf der Ströme bei einem Bremsvorgang in kreisstromfreier Schaltung

6.4.3.3 Kreisstromunterdrückung

Da der Kreisstrom nur im Bereich des Nulldurchganges des Ankerstromes notwendig ist, um den Lückbetrieb des jeweiligen Stromrichters zu vermeiden, ist eine Regelstruktur (Bild 6.14) vorteilhaft, die den Kreisstrom nur in einem eng begrenzten Steuerbereich zulässt. Der gemeinsame Stromregler regelt die Differenz der beiden Gruppenströme. Das Ausgangssignal des Stromreglers wirkt verzögerungsfrei über P-Verstärker (davon ein Invertierverstärker) auf die Steuersätze der beiden Stromrichter und verschiebt die Zündimpulse gleichzeitig in entgegengesetzter Richtung. Durch das kreuzweise Aufschalten der Stromistwerte wird erreicht, dass die Zündimpulse der nicht benötigten Stromrichtergruppe durch einen scheinbar zu großen

Istwert weit in den Wechselrichterbereich gesteuert werden. Somit wirkt die Schaltung bei großen Strömen wie eine kreisstromfreie Schaltung. Der Kreisstrom fließt nur bei kleinem Ankerstrom. Bei gleichen Steuerkennlinien der beiden Stromrichter kann auch ein dynamischer Kreisstrom unterbunden werden.

Zusammenfassend muss nochmals bemerkt werden, dass heute Gleichstromumkehrantriebe nur noch in kreisstromfreier Schaltung realisiert werden.

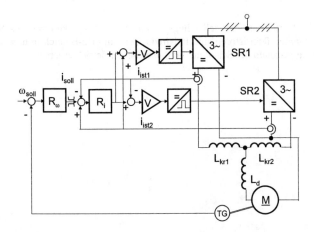

Bild 6.14 Struktur einer Schaltung zur Kreisstromunterdrückung (Schräderschaltung)

Zur Selbstkontrolle

-       Vergleichen Sie die wichtigsten Reversierschaltungen für Gleichstromantriebe hinsichtlich ihres Aufwandes und ihres dynamischen Verhaltens!

-       Weshalb ist bei einer kreisstromfreien Schaltung ein adaptiver Ankerstromregler vorteilhaft?

6.4.4 Pulsstellerantriebe

Eine weitere, dynamisch wesentlich bessere Möglichkeit des Vierquadrantenbetriebes des Gleichstrommotors bietet der Einsatz eines selbstgelöschten Stromrichters in Gestalt eines Vierquadranten-Pulsstellers. Diese Schaltung wurde bereits im Abschnitt 5.4.2 vorgestellt und analysiert. Wie bereits dort erwähnt, wird die Schaltung aus einem Gleichspannungskreis gespeist, der eventuell erst aus einem Ein- oder Dreiphasenwechselstromsystem geschaffen werden muss. Eine Energierückspeisung aus dem Gleichspannungssystem in das Ein- oder Dreiphasennetz ist dann aber auch nur unter Verwendung der oben beschriebenen Umkehrschaltungen mit netzgelöschten Stromrichtern möglich. Bei kleineren Leistungen kann die beim Bremsen oder beim Reversieren zurückgespeiste Energie von dem üblicher Weise im Gleichspannungskreis vorhandenen Pufferkondensator aufgenommen werden. Ist diese Energiemenge zu groß, so dass die Kondensatorspannung zu stark ansteigt, muss durch einen parallel zu dem Kondensator angeordneten sogenannten Brems-Chopper (der im wesentlichen aus einem Schalttransistor und einem ohmschen Widerstand besteht) diese Energie in Wärme umgesetzt werden. Dient als Gleichspannungsquelle eine Batterie, ist die Energierückspeisung problemlos.

Der wesentliche Vorteil des Pulssteller liegt in seiner Unabhängigkeit von der Netzfrequenz. Bei Einsatz moderner Transistoren sind Pulsfrequenzen im kHz-Bereich üblich, wodurch sich sehr kurze Reaktionszeiten der Schaltung im dynamischen Betrieb ergeben.

7 Stromrichtergespeiste Drehstromantriebe

7.1 Drehstromasynchronmotor

7.1.1 Beschreibung des Betriebsverhaltens mit Hilfe von Raumzeigern

7.1.1.1 Einführung von Raumzeigern

Im Gegensatz zum stationären Betrieb der Drehstromasynchronmaschine am symmetrischen Netz mit sinusförmigen Spannungen sind bei Stromrichterspeisung von Drehstrommaschinen (sowohl Asynchron- als auch Synchronmaschinen) folgende Besonderheiten zu beachten:

- beliebiges Zeitverhalten aller Größen,

- Einprägung nichtsinusförmiger Spannungen oder Ströme durch den Stromrichter auch im stationären Betrieb.

Das erfordert die Aufstellung eines allgemeinen Gleichungssystem und Verwendung einer geeigneten Darstellungsform, um die Anzahl der Gleichungen zu reduzieren. Eine hinreichend genaue und handhabbare Beschreibung erreicht unter folgenden Vernachlässigungen:

- Wirbelströme,

- Sättigungserscheinungen,

- Stromverdrängung,

- Räumliche Oberwellen des Luftspaltfeldes,

- Unterschiede in der axialen Induktionsverteilung.

Der Drehstrommotor weist im Ständer eine dreisträngige Wicklungsanordnung auf, deren Spulenachsen *räumlich um 120⁰* versetzt sind. Es soll ferner vorausgesetzt werden, dass im Falle eines Asynchronmotors im Läufer die gleiche Wicklungsanordnung vorliegt. Beide Wicklungsanordnungen sind in Stern geschaltet. Der Sternpunkt ist in keinem Falle an einen Neutralleiter angeschlossen, so dass zu jedem Zeitpunkt die Summe der Ständerströme und die Summe der Läuferströme Null ist. Zunächst wird angenommen, dass die Wicklungsstränge *a, b* und *c* der Ständerwicklung aus einem symmetrischen, sinusförmigen Dreiphasensystem gespeist werden. Die Ströme der Ständerwicklung sind *zeitlich um 120⁰* phasenverschoben und haben dann folgenden Zeitverlauf:

$$i_{sa} = \hat{i} \cos\omega_s t$$

$$i_{sb} = \hat{i} \cos(\omega_s t - 2\pi/3)$$

$$i_{sc} = \hat{i} \cos(\omega_s t - 4\pi/3)$$

(7.1)

Jeder dieser Ströme ruft in der jeweiligen Spule eine Durchflutung hervor. Die Durchflutungen der drei Wicklungen überlagern sich zu einer resultierenden Durchflutung, die am
Umfang des Ständers räumlich sinusförmig verteilt ist. Die Amplitude dieser resultierenden
Durchflutung ist $3/2\hat{\imath}$, wie bereits im Abschnitt 3.2.4.1 hergeleitet wurde. Ihre Umlaufge-
schwindigkeit entspricht der Netzfrequenz ω_s, wenn die Maschine eine Polpaarzahl $z_p = 1$
aufweist (vgl. synchrone Winkelgeschwindigkeit Gl. (3.54)). Betrachtet man einen radialen
Schnitt durch den Ständer (Bild 7.1) und legt in diese Schnittebene eine komplexe Zahlen-
ebene, so kann man die Durchflutung als räumlich komplexen Momentanwert (auch als
„Vektor" oder „Raumzeiger" bezeichnet) auffassen. Die reelle Achse dieser komplexen Ebene soll mit der Achse der Spule a identisch sein. Der Vektor i kann dann wie folgt definiert
werden:

$$i = \frac{2}{3}(i_{sa} + i_{sb}e^{j120^0} + i_{sc}e^{j240^0}) \tag{7.2}$$

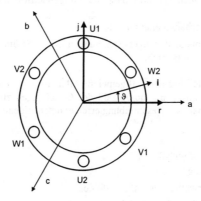

Bild 7.1 Schematische Darstellung des Ständers einer Drehstrommmaschine

Durch Einsetzen der Zeitfunktionen der drei Strangströme nach Gleichung (7.1) erhält man

$$i = \hat{i} \cdot e^{j\vartheta_s} \tag{7.3}$$

mit

$$\vartheta_s = \omega_s t \tag{7.4}$$

Die Durchflutung eines um den Winkel γ gegenüber der reellen Achse versetzten Wick-
lungsstranges ergibt sich als Projektion des Vektors i auf die Achse dieser Wicklung:

$$i_\gamma = \hat{i}\cos(\omega_s t - \gamma) \tag{7.5}$$

Wenn eine derartige Betrachtungsweise für die Durchflutung zulässig ist, kann man auch einen komplexen Momentanwert bzw. Vektor oder Raumzeiger für den Ständerstrom und damit für Spannungen und Flussverkettungen definieren.

Das soeben beschriebene Bezugssystem ist mit dem Ständer der Maschine fest verbunden und wird als ruhendes Koordinatensystem bezeichnet. Denkbar sind auch andere Koordinatensysteme, wie z.B. solche, die mit einer beliebigen Geschwindigkeit ω_k bezogen auf die Spulenachse a umlaufen. In einem solchen allgemeinen Koordinatensystem wird der Vektor des Stromes

$$i^k = \hat{i} \cdot e^{j\omega_s t} \cdot e^{-j\omega_k t} = \hat{i} \cdot e^{j(\omega_s - \omega_k)t} \tag{7.6}$$

Der hochgestellte Buchstabe k kennzeichnet die Darstellung des Vektors im allgemeinen Koordinatensystem.

Zur geschlossenen Beschreibung des Verhaltens der Maschine müssen die Vorgänge im Ständer und im Läufer auf ein gemeinsames Koordinatensystem bezogen werden. Hierbei haben sich folgende Koordinatensysteme als zweckmäßig erwiesen (Tabelle 7.1 und Bild 7.2):

Tabelle 7.1 Bezeichnung der wesentlichen Koordinatensysteme

Koordinatensystem	Bezeichnung der reellen Achse	Bezeichnung der imaginären Achse
ständerbezogen	α	β
läuferbezogen	d	q
flussbezogen (feldorientiert)	x	y

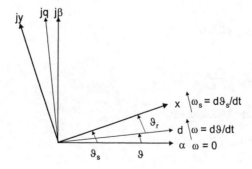

Bild 7.2 Winkelbeziehungen der Koordinatensysteme nach Tafel 7.1

Die Komponenten der einzelnen Koordinatensysteme (hier am Beispiel der Ständergrößen g_s) lassen sich durch folgende *Transformationsbeziehungen* umrechnen bzw. aus den Stranggrößen bestimmen:

$$\begin{pmatrix} g_{s\alpha} \\ g_{s\beta} \end{pmatrix} = \begin{pmatrix} 1 & 0 & 0 \\ 0 & \dfrac{1}{3}\sqrt{3} & -\dfrac{1}{3}\sqrt{3} \end{pmatrix} \cdot \begin{pmatrix} g_{sa} \\ g_{sb} \\ g_{sc} \end{pmatrix} \tag{7.7}$$

$$\begin{pmatrix} g_{sx} \\ g_{sy} \end{pmatrix} = \begin{pmatrix} \cos\vartheta_s & \sin\vartheta_s \\ -\sin\vartheta_s & \cos\vartheta_s \end{pmatrix} \cdot \begin{pmatrix} g_{s\alpha} \\ g_{s\beta} \end{pmatrix} \tag{7.8}$$

$$\begin{pmatrix} g_{sd} \\ g_{sq} \end{pmatrix} = \begin{pmatrix} \cos\vartheta & \sin\vartheta \\ -\sin\vartheta & \cos\vartheta \end{pmatrix} \cdot \begin{pmatrix} g_{s\alpha} \\ g_{s\beta} \end{pmatrix} \tag{7.9}$$

$$\begin{pmatrix} g_{sd} \\ g_{sq} \end{pmatrix} = \begin{pmatrix} \dfrac{2}{3}\cos\vartheta & \dfrac{2}{3}\cos(\vartheta - 2\pi/3) & \dfrac{2}{3}\cos(\vartheta + 2\pi/3) \\ -\dfrac{2}{3}\sin\vartheta & -\dfrac{2}{3}\sin(\vartheta - 2\pi/3) & -\dfrac{2}{3}\sin(\vartheta + 2\pi/3) \end{pmatrix} \cdot \begin{pmatrix} g_{sa} \\ g_{sb} \\ g_{sc} \end{pmatrix} \tag{7.10}$$

7.1.1.2 Spannungsgleichungen

Entsprechend den Stromzeitfunktionen nach Gleichung (7.1) lassen sich für jeden Strang Spannungsgleichungen formulieren:

$$u_{sa} = i_{sa} \cdot R_{sa} + \frac{d\psi_{sa}}{dt}$$

$$u_{sb} = i_{sb} \cdot R_{sb} + \frac{d\psi_{sb}}{dt} \tag{7.11}$$

$$u_{sc} = i_{sc} \cdot R_{sc} + \frac{d\psi_{sc}}{dt}$$

Für eine symmetrische Maschine mit

$$R_{sa} = R_{sb} = R_{sc} = R_s$$

und

$$L_{sa} = L_{sb} = L_{sc} = L_s \qquad \text{usw.}$$

kann man auch die Spannungsgleichungen in Vektorform zusammenfassen. Für ein ruhendes (α-β-) Koordinatensystem gilt

$$u_s = i_s \cdot R_s + \frac{d\psi_s}{dt} \tag{7.12}$$

oder für ein mit der Winkelgeschwindigkeit ω_k umlaufendes Koordinatensystem

$$u_s^{\,k} = i_s^{\,k} \cdot R_s + \frac{d\psi_s^{\,k}}{dt} + j\omega_k \psi_s^{\,k} \tag{7.13}$$

Die gleichen Verhältnisse ergeben sich für die Läuferwicklungen, wenn man einen elektrisch gleichartigen Aufbau der beiden Maschinenteile voraussetzt. Da der Läufer sich mit der mechanischen Winkelgeschwindigkeit ω bewegt, haben die Vektoren der Läufergrößen im Allgemeinen, mit ω_k rotierenden Koordinatensystem die Relativgeschwindigkeit ω_k - ω (für $z_p = 1$):

$$u_r^{\,k} = i_r^{\,k} \cdot R_r + \frac{d\psi_r^{\,k}}{dt} + j(\omega_k - \omega)\psi_r^{\,k} \tag{7.14}$$

wobei wieder ein symmetrischer Aufbau der drei Läuferwicklungen gegeben sein soll:

$$R_{ra} = R_{rb} = R_{rc} = R_r$$

$$L_{ra} = L_{rb} = L_{rc} = L_r \qquad \text{usw.}$$

die von den Durchflutungen der Ständer- und Läuferwicklungsstränge hervorgerufenen Flussverkettungen überlagern sich im Luftspalt. Diese Flussverkettungen bestehen aus Komponenten, die nur mit der erzeugenden Wicklung verkettet sind, und aus Komponenten, die mit der entsprechenden Wicklung des anderen Maschinenteils (Ständer bzw. Läufer) verkoppelt sind:

$$\psi_s = L_s \cdot i_s + L_m \cdot i_r$$
$$\psi_r = L_m \cdot i_s + L_r \cdot i_r \tag{7.15}$$

mit L_s : Induktivität eines Stranges der Ständerwicklung,
 L_r : Induktivität eines Stranges der Läuferwicklung,
 L_m: Koppelinduktivität zwischen Ständer- und Läuferwicklung.

Es ist zweckmäßig, folgende Kopplungsfaktoren einzuführen:

- ständerseitiger Kopplungsfaktor

$$k_s = L_m/L_s \tag{7.16}$$

-       läuferseitiger Kopplungsfaktor

$$k_r = L_m/L_r \tag{7.17}$$

Mit dem Streufaktor

$$\sigma = 1 - k_s k_r \tag{7.18}$$

lassen sich die ständer- und läuferseitigen Streuinduktivitäten definieren

$$L_{s\sigma} = L_s(1 - k_s k_r) = \sigma L_s \tag{7.19}$$

und

$$L_{r\sigma} = L_r(1 - k_s k_r) = \sigma L_r \tag{7.20}$$

Die Größen $L_{s\sigma}$ und $L_{r\sigma}$ entsprechen den transienten Induktivitäten des Ständers L'_s und des Läufers L'_r. Damit wird

$$\psi_s = L'_s \cdot i_s + k_r \cdot \psi_r$$
$$\psi_r = L'_r \cdot i_r + k_s \cdot \psi_s \tag{7.21}$$

7.1.1.3 Drehmomentbildung

Die Flussverkettung im Luftspalt und der Ständerstrom bilden das Drehmoment, wobei die Flussverkettung (Induktionsverteilung) auch durch den Ständerfluss ausgedrückt werden kann. Wegen der Gleichwertigkeit von Ständer und Läufer kann das Drehmoment formal als Vektorprodukt von jeweils zwei der sechs elektromagnetischen Zustandsgrößen der Maschine $i_s, i_r, i_\mu, \psi_s, \psi_r, \psi_m$ gedeutet werden. Zweckmäßig sind für die Belange der Drehstrommaschine Beziehungen, die den Ständerstrom (der von außen beeinflusst werden kann) und eine Flussgröße enthalten.

Ein anderer Weg zur quantitativen Formulierung der gesuchten Zusammenhänge hat seinen Ausgangspunkt in einer Energiebetrachtung. Entsprechend der gewählten Darstellungsweise der Spannungen und Ströme lässt sich die von der Maschine aufgenommene Leistung durch den Realteil des Vektorproduktes von Ständerspannungsvektor u_s und dem konjugiert komplexen Ständerstromvektor i_s^* ausdrücken

$$p = \frac{3}{2}\mathrm{Re}\left\{ u_s \cdot i_s^* \right\} \tag{7.22}$$

woraus man das Drehmoment zu

$$m = \frac{3}{2}z_p L_m \mathrm{Re}\left\{ ji_s^* \cdot i_r \right\} \tag{7.23}$$

$$m = \frac{3}{2} z_p k_s \, \mathrm{Im}\left\{ \psi_s \cdot i_r^{\,*} \right\} \tag{7.24}$$

$$m = -\frac{3}{2} z_p k_r \, \mathrm{Im}\left\{ \psi_r \cdot i_s^{\,*} \right\} \tag{7.25}$$

ermitteln kann. Diese Beziehungen gelten für Drehfeldmaschinen, die gleiche magnetische Leitfähigkeiten in beiden Achsen des jeweiligen Koordinatensystems aufweisen. Entsprechend Bild 7.3 kann man Gleichung (7.25) im x-y-Koordinatensystem (Vorteil: ruhende Zeiger!) auch folgendermaßen formulieren:

$$m = -\frac{3}{2} z_p k_r \, \mathrm{Im}\left\{ \left| \psi_r \right| \cdot \left| i_s \right| \cdot e^{-j\delta} \right\}$$

$$m = \frac{3}{2} z_p k_r \left| \psi_r \right| \cdot \left| i_s \right| \cdot \sin \delta \tag{7.26}$$

$$m = \frac{3}{2} z_p k_r \psi_r \cdot i_{sy} \tag{7.27}$$

Für die Bildung des Drehmomentes ist demnach im feldorientierten Koordinatensystem die y-Komponente des Ständerstromes, die senkrecht auf dem in x-Richtung fixierten Flussvektor steht, maßgebend. Die x-Komponente des Ständerstromes stellt den Magnetisierungsstrom dar, die den Betrag des Flusses ψ_r bestimmt. Gleichung (7.27) bildet die Grundlage des sogen. feldorientierten Betriebes einer Drehstrommaschine.

Den Zusammenhang mit der mechanischen Winkelgeschwindigkeit ω stellt wieder die Bewegungsgleichung her:

$$m = m_A + J \cdot \frac{d\omega}{dt} \tag{7.28}$$

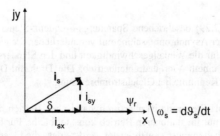

Bild 7.3 Läuferflussverkettung und Ständerstrom im feldorientierten Koordinatensystem

7.1.2 Frequenzsteuerung

Grundlagen des Betriebsverhaltens der Drehstromasynchronmaschine bei Frequenzsteuerung wurden bereits im Abschnitt 3.2.5.2 behandelt. Die dort angegebenen Beziehungen gelten bei Vernachlässigung des Ständerwiderstandes. Das durch Gleichung (3.84) formulierte Steuergesetz ist unter dieser Voraussetzung als Betrieb mit konstanter Ständerflussverkettung ψ_s zu interpretieren. Die Proportionalität zwischen Ständerspannung und Ständerfrequenz ist bei steigenden Frequenzen nur bis zur Bemessungsspannung U_{sn} aufrecht zu erhalten. Oberhalb des Bemessungspunktes bleibt die Spannung bei steigender Frequenz konstant (Bild 7.4), was gleichbedeutend mit dem Betrieb im Feldschwächbereich ist:

$$\psi_s \sim \frac{u_s}{f_s} \tag{7.29}$$

Bei sinkenden Frequenzen ist infolge des ohmschen Ständerwiderstandes, der infolge der immer kleiner werdenden induktiven Widerstände hier nicht mehr vernachlässigt werden kann, die Proportionalität nach Gleichung (7.29) nicht mehr gegeben. Vielmehr muss die Ständerspannung in diesem Frequenzbereich überproportional angehoben werden, um den Spannungsabfall über dem Ständerwiderstand zu kompensieren, wenn die Ständerflussverkettung konstant bleiben soll. Bei normalen Niederspannungsasynchronmaschinen macht sich der Einfluss des Ständerwiderstandes bei Frequenzen unterhalb von 5 ... 10 Hz bemerkbar.

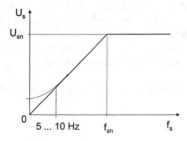

Bild 7.4 Steuerkennlinie für Spannungs-Frequenz-Steuerung

Die durch Gleichung (7.29) beschriebene Spannungs-Frequenz-Steuerung ist die einfachste Form des Betriebes einer Asynchronmaschine mit veränderlicher Frequenz. Bild 7.5 zeigt die stationären Kennlinien für die Winkelgeschwindigkeit und den Ständerstrom in Abhängigkeit vom Drehmoment bei einem Vierquadrantenbetrieb. Die Drehzahl-Drehmoment-Kennlinie für $f_s = 0$ entspricht der Kennlinie bei Gleichstrombremsung.

Die Spannungs-Frequenz-Steuerung ist aber im dynamischen Betrieb nicht optimal, weil die Ständerflussverkettung nur im stationären Betrieb konstant bleibt. Für höhere Anforderungen an das dynamische Verhalten muss gewährleistet werden, dass die Flussverkettung unter allen Umständen konstant bleibt. Das gelingt mit Strukturen der feldorientierten Regelung, mit denen entweder konstante Ständerflussverkettung oder konstante Läuferflussverkettung erzielt werden kann.

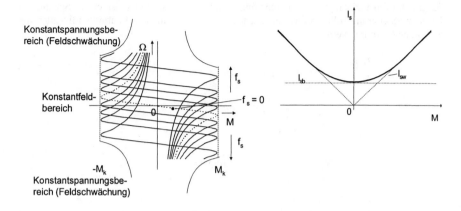

Bild 7.5 Stationäre Kennlinien bei konstanter Ständerflussverkettung

Bei Stromrichterspeisung der Asynchronmaschine, d.h. bei Betrieb mit nichtsinusförmigen Spannungen und Strömen, sind darüber hinaus die Auswirkungen der Oberschwingungen auf Drehmomentbildung und auf die Verluste zu berücksichtigen.

Pendelmomente

Im Gegensatz zur Speisung der Maschine mit sinusförmigen Größen (nur Grundschwingung), die ein zeitlich konstantes Drehmoment erzeugen, entstehen durch das Zusammenwirken von Grund- und Oberschwingungen bei Speisung mit nichtsinusförmigen Größen auch zeitlich veränderliche Drehmomente, sogen. Pendelmomente. Es wird vorausgesetzt, dass die Spannungen und Ströme nur ungerade Harmonische mit der Ordnungszahl ν aufweisen

$$\nu = 6k \pm 1 \qquad (k = 1, 2, 3, ...) \tag{7.30}$$

Es sollen keine Harmonischen mit der Ordnungszahl $\nu = 3k$ auftreten.

Ausgangspunkt der Betrachtung ist die *Konstanz der Läuferflussverkettung*, die man bei einem idealen, widerstandslosen und kurzgeschlossenen Läufer aus der Spannungsgleichung im Läufer-Koordinatensystem

$$\boldsymbol{u}_r = \boldsymbol{i}_r \cdot R_r + \frac{d\psi_r}{dt} \tag{7.31}$$

mit $R_r = 0$ und $\boldsymbol{u}_r = 0$ ablesen kann:

$$\frac{d\psi_r}{dt} = 0 \tag{7.32}$$

Es gilt das Oberschwingungsersatzschaltbild gemäß Bild 7.6. Am Beispiel der Spannungs-Frequenz-Steuerung sollen die Harmonischen des Stromes aus den Fourierkoeffizienten der Spannung bestimmt werden:

$$C_{uv} = \frac{U_{sv}}{U_{s1}} \tag{7.33}$$

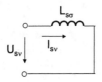

Bild 7.6
Oberschwingungsersatzschaltbild

Die Amplitude bzw. der Effektivwert der Grundschwingung U_{s1} ergibt sich aus der Bemessungsspannung U_{sn}

$$U_{s1} = \gamma \, U_{sn} \tag{7.34}$$

mit $\gamma = f_s/f_{sn}$ \hfill (7.35)

Für die Harmonischen des Stromes erhält man so

$$I_{sv} = \frac{U_{sv}}{v \cdot \gamma \cdot X_{s\sigma}} = \frac{C_{uv} \cdot U_{sn} \cdot \gamma}{v \cdot \gamma \cdot X_{s\sigma}} = \frac{C_{uv}}{v} \cdot \frac{U_{sn}}{X_{s\sigma}} \tag{7.36}$$

Das Drehmoment lässt sich im x-y-Koordinatensystem entsprechend Gleichung (7.25) für konstante Läuferflussverkettung wie folgt ausdrücken:

$$m = -\frac{3}{2} z_p \cdot k_r \cdot \Psi_r \cdot Im\{i_s^*\} \tag{7.37}$$

Der Raumzeiger (Vektor) des Ständerstromes ist in diesem Koordinatensystem

$$i_s = \hat{i}_{s1} \cdot e^{j\delta_1} + \hat{i}_{s5} \cdot e^{-j(6\omega_s t + \delta_5)} + \hat{i}_{s7} \cdot e^{j(6\omega_s t + \delta_7)} + \hat{i}_{s11} \cdot e^{-j(12\omega_s t + \delta_{11})} + \hat{i}_{s13} \cdot e^{j(12\omega_s t + \delta_{13})} + \dots \tag{7.38}$$

Damit wird aus Gleichung (7.37)

$$m = \frac{3}{2} z_p k_r \Psi_r \hat{i}_{s1} \left[sin\delta_1 - \frac{\hat{i}_{s5}}{\hat{i}_{s1}} sin(6\omega_s t + \delta_5) + \frac{\hat{i}_{s7}}{\hat{i}_{s1}} sin(6\omega_s t + \delta_7) - \frac{\hat{i}_{s11}}{\hat{i}_{s1}} sin(12\omega_s t + \delta_{11}) \right.$$
$$\left. + \frac{\hat{i}_{s13}}{\hat{i}_{s1}} sin(12\omega_s t + \delta_{13}) - +\dots \right] \tag{7.39}$$

Die alternierenden Vorzeichen ergeben sich aus dem Drehsinn der Oberschwingungsdrehfelder in Bezug auf das Grundschwingungsdrehfeld. Die Harmonischen der Ständerströme sind:

$$i_{sav} = \hat{i}_{sv}\cos(v\vartheta_s)$$

$$i_{sbv} = \hat{i}_{sv}\cos(v\vartheta_s - v2\pi/3) \qquad (7.40)$$

$$i_{scv} = \hat{i}_{sv}\cos(v\vartheta_s - v4\pi/3)$$

Nimmt man an, dass sich das Drehfeld der Grundschwingung ($v = 1$) mit der Phasenfolge a $\rightarrow$ b $\rightarrow$ c $\rightarrow$ ... bewegt (positiver Drehsinn), dann ergibt sich der Drehsinn der Drehfelder der Oberschwingungen zu

$v = 5$: negativ

$v = 7$: positiv

$v = 11$: negativ

$v = 13$: positiv usw.

Aus Gleichung (7.39) liest man das Grundschwingungsdrehmoment ab

$$M_1 = \frac{3}{2} z_p k_r \Psi_r \hat{i}_{s1} \sin \delta_1 \qquad (7.41)$$

Außerdem soll gelten $\sin\delta_1 = \sin\delta \approx \cos\varphi_s$. Ferner ist $\delta_v \approx \pi/2$.

Das Bemessungsdrehmoment kann durch

$$M_n = \frac{3}{2} z_p k_r \Psi_r \hat{i}_{s1} \cos\varphi_{sn} \qquad (7.42)$$

ausgedrückt werden. Die Amplituden der Pendelmomente mit sechs- bzw. zwölffacher Grundfrequenz werden damit näherungsweise

$$\frac{\hat{m}_{p6}}{M_n} \approx \frac{1}{\cos\varphi_{sn}}\left(\frac{\hat{i}_{s5}}{\hat{i}_{s1}} + \frac{\hat{i}_{s7}}{\hat{i}_{s1}}\right) \qquad (7.43)$$

$$\frac{\hat{m}_{p12}}{M_n} \approx \frac{1}{\cos\varphi_{sn}}\left(\frac{\hat{i}_{s11}}{\hat{i}_{s1}} + \frac{\hat{i}_{s13}}{\hat{i}_{s1}}\right) \qquad (7.44)$$

Bei Betrieb eines Spannungswechselrichters mit π-Taktung sind bei Standard-Asynchron-motoren mit Kurzschlussläufer folgende Pendelmomente zu erwarten:

$$\frac{\hat{m}_{p6}}{M_n} = 0{,}10...0{,}15 \qquad\qquad \frac{\hat{m}_{p12}}{M_n} = 0{,}01...0{,}05$$

Höherfrequente Anteile sind experimentell kaum nachweisbar.

Die Pendelmomente führen zu Drehzahlschwankungen, wenn die Frequenz der Grund-schwingung der Ständergrößen so klein wird, dass das mechanische System als starrer Körper Pendelbewegungen ausführt (Bild 7.7), oder wenn die Pendelmomente Torsionseigenfre-quenzen des mechanischen Systems anregen. Die Drehzahlschwankungen ergeben sich aus der Bewegungsgleichung für $m_A = 0$ zu

$$\Delta n_{p6} = \frac{\Delta \hat{m}_{p6}}{2\pi \cdot J \cdot 6\Omega_s} \qquad\qquad\qquad (7.45)$$

$$\Delta n_{p12} = \frac{\Delta \hat{m}_{p12}}{2\pi \cdot J \cdot 12\Omega_s} \qquad\qquad\qquad (7.46)$$

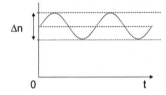

Bild 7.7
Drehzahlpendelungen

Zusatzverluste

Unabhängig von der Beeinflussung der Verluste, die durch die Grundschwingungsgrößen hervorgerufen werden, bei Betrieb des Asynchronmotors mit veränderlicher Frequenz treten als Folge der Stromrichterspeisung zusätzliche Verluste in den Leitern und im Eisenkreis auf, die durch die vom Stellglied verursachten Spannungs- und Stromoberschwingungen entste-hen. Die nachfolgenden Betrachtungen beschränken sich auf diese Zusatzverluste. Es werden lineare Bauelemente vorausgesetzt, so dass das Superpositionsprinzip gilt. Sättigungserschei-nungen im Eisenkreis werden also vernachlässigt.

Zusätzliche *Ummagnetisierungsverluste* treten im wesentlichen nur im Ständer auf, wenn man wieder von der Konstanz der Läuferflussverkettung ausgeht. Bekanntlich hängen damit die Hystereseverluste nach folgender Beziehung von der Flussdichte B_s im Ständer und von der Frequenz f_s der Ständerspannung ab:

$$P_H = k_1 \cdot B_s^2 \cdot f_s \qquad\qquad\qquad (7.47)$$

Bezieht man die Hystereseverluste P_{Hv}, die durch die ν-te Harmonische entstehen, auf die durch die Grundschwingung verursachten Verluste P_{H1}, so ergibt sich

$$\frac{P_{Hv}}{P_{H1}} = \left(\frac{B_{sv}}{B_{s1}}\right)^2 \cdot \frac{f_{sv}}{f_s} \qquad (7.48)$$

Für die Wirbelstromverluste gilt analog

$$P_W = k_2 \cdot B_s^2 \cdot f_s^2 \qquad (7.49)$$

oder für die auf die Grundschwingung bezogene Verlustleistung der ν-ten Harmonischen

$$\frac{P_{Wv}}{P_{W1}} = \left(\frac{B_{sv}}{B_{s1}}\right)^2 \cdot \left(\frac{f_{sv}}{f_{s1}}\right)^2 \qquad (7.50)$$

Als Beispiel sollen wieder die Verhältnisse bei π-Taktung betrachtet werden, da hier die Verhältnisse übersichtlich sind. Die Amplituden bzw. Effektivwerte der Harmonischen sind umgekehrt proportional zur Ordnungszahl der Harmonischen:

$$U_{sv} = \frac{U_{s1}}{\nu} \qquad (7.51)$$

Damit ist die U_{sv} entsprechende Flussdichte nach dem Induktionsgesetz

$$B_{sv} \sim \frac{1}{\nu} U_{sv} \qquad (7.52)$$

Gleichung (7.48) liefert

$$\frac{P_{Hv}}{P_{H1}} = \left(\frac{\frac{1}{\nu} \cdot \frac{1}{\nu} U_{s1}}{U_{s1}}\right)^2 \cdot \frac{\nu f_s}{f_s} = \frac{1}{\nu^3} \qquad (7.53)$$

Ebenso ergibt sich aus Gleichung (7.50)

$$\frac{P_{Wv}}{P_{W1}} = \frac{1}{\nu^2} \qquad (7.54)$$

Die gesamten zusätzlichen Ummagnetisierungsverluste errechnen sich für π-Taktung aus

$$\frac{P_{Hzus}}{P_{H1}} = \sum_{\nu=5}^{\infty} \frac{1}{\nu^3} \qquad (7.55)$$

und

$$\frac{P_{Wzus}}{P_{W1}} = \sum_{v=5}^{\infty} \frac{1}{v^2} \tag{7.56}$$

sowie

$$P_{Fezus} = P_{Hzus} + P_{Wzus} \tag{7.57}$$

Wesentlich komplizierter sind die Zusammenhänge bei den zusätzlichen *Last- bzw. Stromwärmeverlusten*, da auf Grund der Frequenzen der höheren Harmonischen Stromverdrängungserscheinungen nicht mehr zu vernachlässigen sind. Die gesamten zusätzlichen Lastverluste P_{vLzus} ergeben sich aus den Verlusten im Ständer $P_{vLs\,zus}$ und den Verlusten im Läufer $P_{vLr\,zus}$:

$$P_{vLzus} = P_{vLs\,zus} + P_{vLr\,zus} \tag{7.58}$$

Die einzelnen Anteile lassen sich grundsätzlich nach folgendem Ansatz berechnen:

$$P_{vLszus} = 3R_s \sum_{v=5}^{\infty} k_{rs}(f_s, v) \cdot I_{sv}^2 \tag{7.59}$$

$$P_{vLrzus} = 3R_r \sum_{v=5}^{\infty} k_{rr}(f_r, v) \cdot I_{rv}^2 \tag{7.60}$$

wobei

k_{rs} Stromverdrängungsfaktor (Widerstandsverhältnis) des Ständers

k_{rr} Stromverdrängungsfaktor (Widerstandsverhältnis) des Läufers.

Es ist zu beachten, dass der Stromverdrängungsfaktor k_{rr} für die Läuferwicklung wegen der großen radialen Ausdehnung der Leiterstäbe im Käfigläufer für höhere Frequenzen sehr große Werte annehmen kann. Damit werden auch die durch die höheren Harmonischen hervor gerufenen Verluste nach Gleichung (7.60) sehr groß. Das heißt aber auch, dass die Verluste im Läufer bei stromrichtergespeisten Asynchronmaschinen sehr stark durch die Konstruktion des Läufers und durch dessen Herstellungsverfahren beeinflusst werden.

Die vorangegangenen Betrachtungen haben gezeigt, dass sich bereits die Verluste durch die Grundschwingungen der Ständer- und Läufergrößen bei konstantem Drehmoment in Abhängigkeit von der Speisefrequenz f_s gegenüber den Werten bei Bemessungsfrequenz f_{sn} ändern. Für die Wärmeabfuhr ist, wie im Abschnitt 8 gezeigt wird, die Art der Kühlung maßgebend. Bei eigenbelüfteten Maschinen ist das Wärmeabgabevermögen wegen des auf der Welle angebrachten Lüfters drehzahlabhängig. Es verringert sich mit abnehmenden Drehzahlen, d.h. mit abnehmenden Frequenzen der Ständerspannung. Um die zulässigen Grenztemperaturen des Isolierstoffes nicht zu überschreiten, ist es notwendig, das Drehmoment bei Verringerung der Ständerfrequenz so weit herabzusetzen, dass die Verluste trotz verringerten Wärmeabgabevermögens höchstens die zulässigen Grenztemperaturen verursachen.

Um den Einfluss der zusätzlichen Verluste durch die Spannungs- und Stromoberschwingungen zu berücksichtigen, ist es darüber hinaus erforderlich, die zulässigen Werte des Drehmomentes bei der jeweiligen Ständerfrequenz weiter zu verringern. Auch am Bemessungspunkt muss bei einer wechselrichtergespeisten Asynchronmaschine eine Reduzierung des Bemessungsmomentes erfolgen. Unterhalb der Bemessungsfrequenz ist die erforderliche Reduzierung des Drehmoments durch die Verringerung des Wärmeabgabevermögens bedingt, während oberhalb der Bemessungsfrequenz der Anstieg der Verluste im Feldschwächbereich dafür verantwortlich ist. Trägt man die jeweilige Ständerfrequenz in Abhängigkeit vom thermisch zulässigen Drehmoment auf, erhält man die sogenannte thermische Grenzkennlinie. Im Bild 7.8 ist ein Beispiel einer solchen Kennlinie dargestellt. Es ist zu beachten, dass der Verlauf dieser Kennlinie nicht nur vom Motortyp sondern auch von der Betriebsweise des Wechselrichters abhängt.

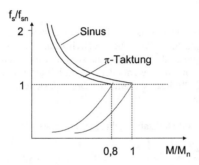

Bild 7.8 Thermische Grenzkennlinie eines Asynchronmotors bei sinusförmiger Spannung und bei Wechselrichterspeisung mit π-Taktung

7.1.3 Spannungssteuerung

Die Spannungssteuerung erfolgt, wie im Abschnitt 3.2.4.3 bereits geschildert wurde, mittels Drehstromstellerschaltungen (Bild 3.4.2). Selbstverständlich ist auch der Einsatz eines Stelltransformators zur Veränderung der Ständerspannung möglich. Jedoch ist hierbei im Allgemeinen nur eine Handsteuerung sinnvoll. Die grundlegenden Zusammenhänge bei Spannungssteuerung ergeben sich aus den Darlegungen im Abschnitt 3.2 . Das Kippmoment ist von der Ständerspannung abhängig, während der Kippschlupf von der Ständerspannung nicht beeinflusst wird:

$$M_k = \frac{3}{2} \cdot \frac{k_s^2}{\Omega_s} \cdot \frac{U_s^2}{X_\sigma} = f(U_s) \tag{7.61}$$

$$s_k = \frac{R_r + R_{rz}}{X_\sigma} \neq f(U_s) \tag{7.62}$$

Außerdem kann man den Läuferstrom näherungsweise durch folgende Beziehung ausdrücken:

$$I_r = -\frac{k_s U_s}{\dfrac{R_r + R_{rz}}{s} + jX_\sigma}$$ (7.63)

Das Drehmoment ergibt sich aus der Luftspaltleistung. Diese ist wiederum dem Läuferwirkstrom proportional:

$$M = \frac{P_\delta}{\Omega_s} = \frac{k_s U_s I_{rw}}{\Omega_s}$$ (7.64)

Bei konstantem Läuferwirkstrom sinkt das Drehmoment demnach proportional mit der Ständerspannung. Charakteristisch für Antriebe mit Drehstromsteller ist der Betrieb mit veränderlicher Ständerflussverkettung (dynamisch ungünstig) und mit Schlupfwerten größer als der Bemessungsschlupf, d.h., die Stromwärmeverluste im Läufer werden sehr groß. Aus energetischen Gründen wird deshalb diese Variante der Drehzahlsteuerung nur für Antriebe mittlerer Leistung ($P_n < 50$ kW) bei

-       Kranhubwerken mit Drehzahlregelung (Betriebsart S3),

-       Lüftern ($M \sim \Omega^2$)

eingesetzt.

Drehstromsteller können sowohl vollgesteuert als auch halbgesteuert ausgeführt werden. Drei Schaltungsbeispiele sind im Bild 7.9 gezeigt. Die Thyristoren werden vorzugsweise mit Anschnittsteuerung betrieben. Das ist besonders bei der vollgesteuerten Variante (Bild 7.9a) vorteilhaft, weil hier die Signalverarbeitungseinrichtungen für sechspulsige netzgelöschte Stromrichter eingesetzt werden können. Auch eine sogenannte Sinuspaketsteuerung, bei der eine gewissen Anzahl voller Sinusschwingungen der Ständerwicklung zugeführt werden, gefolgt von einer entsprechenden Pause, ist eine denkbare Steuerungsvariante. Hierbei ist aber zu beachten, dass hohe Einschaltdrehmomente (3 ... $4M_n$) sowie große Drehzahlschwankungen auftreten können.

Bei der *Motordimensionierung* für Drehstromstellerantriebe sind einige Besonderheiten zu beachten. Da das Wärmeabgabevermögen selbstbelüfteter Maschinen drehzahlabhängig ist, wie oben bereits ausgeführt wurde, muss die zulässige Verlustleistung P_{vzul} gegenüber der Bemessungsverlustleistung P_{vn} herabgesetzt werden. Überschlägig kann man die zulässigen Verluste in Abhängigkeit vom Schlupf s und vom Schlupf bei Bemessungsbetrieb s_n berechnen

$$\frac{P_{vzul}}{P_{vn}} = 0{,}6(1 + s_n - s) + 0{,}4$$ (7.65)

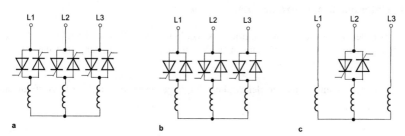

Bild 7.9 Schaltungsbeispiele für Drehstromsteller
a) vollgesteuert
b) halbgesteuert
c) unsymmetrisch

Da es sich auch hier um einen Betrieb mit nichtsinusförmigen Spannungen und Strömen handelt, treten wie bei Wechselrichterantrieben zusätzliche Ummagnetisierungs- und Stromwärmeverluste sowie Pendelmomente auf.

Die Vorausberechnung der *Zusatzverluste* ist kaum möglich. Die thermische Dimensionierung kann wieder an Hand von thermischen Grenzkennlinien für Dauerbetrieb erfolgen. Das prinzipielle Aussehen solcher Kennlinien ist im Bild 7.10 gezeigt. Thermisch besonders ungünstig sind unsymmetrische Schaltungen. Wird der Motor im Aussetzbetrieb (Betriebsart S3) statt im Dauerbetrieb (Betriebsart S1) betrieben (die Erläuterung der grundlegenden Zusammenhänge bei der Festlegung der Motorbemessungsleistung folgt im Abschnitt 8), so kann man das zulässige Motormoment aus Gleichung (7.66) berechnen

$$M_{S3} = M_{S1}\sqrt{1 + \frac{1-ED}{ED}\cdot\frac{T}{T_{st}}} \qquad (7.66)$$

Die *Pendelmomente* sind meistens ohne Bedeutung. Sie haben als niedrigste Frequenz 300 Hz bei vollgesteuerten Schaltungen und 150 Hz bei halbgesteuerten Schaltungen (Netzfrequenz 50 Hz).
Wie bei allen anschnittgesteuerten Stromrichtern tritt beim Drehstromsteller ebenfalls eine *Steuerblindleistung* auf. Es gilt auch hier $\cos\varphi \approx \cos\alpha$.

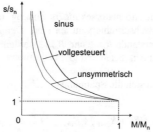

Bild 7.10 Thermische Grenzkennlinien für drehstromstellergespeiste Drehstrom-Kurzschlussläufermotoren

7.1.4 Untersynchrone Stromrichterkaskade

Das Prinzip der untersynchronen Stromrichterkaskade ist ebenfalls im Abschnitt 3.2.4.3 beschrieben worden. Aus Bild 3.39 kann man die ausführlichere Schaltung und das Ersatzschaltbild (Bild 7.11) entwickeln.

Im Läufer der Maschine laufen die elektrischen Vorgänge bekanntlich mit der Läuferfrequenz f_r ab:

$$f_r = s f_s \tag{7.67}$$

Die im Läufer induzierte Spannung ist vom Schlupf und von der Läuferstillstandsspannung abhängig:

$$U_{ri} = s \, U_{ri0} \tag{7.68}$$

Der maschinenseitige Stromrichter liefert damit eine schlupfabhängige Gleichspannung

$$u_{di0} = 2,34 \cdot s \cdot U_{ri0} - U_v \tag{7.69}$$

U_v ist die Gesamtheit der Spannungsabfälle über den Gleichrichterventilen.

Die Ersatzwiderstände lassen sich wie folgt ausdrücken, wenn die drehstromseitige Induktivität im Wesentlichen durch die Gesamtstreureaktanz X_σ der Maschine bestimmt wird:

$$R_{ers1} = \frac{3 \cdot I_r^2 \cdot R_r}{I_d^2} \tag{7.70}$$

$$R_{ers2} = \frac{3}{\pi} X_\sigma \cdot s \tag{7.71}$$

Für den netzseitigen Stromrichter (Wechselrichter)gilt

$$u_{di\alpha} = 2,34 \cdot U_N \cos\alpha - U_{vw} \tag{7.72}$$

wenn U_N die Netz- bzw. Transformatorsekundärspannung und U_{vw} die Gesamtheit der Spannungsabfälle über den Wechselrichterventilen sind. Der Zündwinkel liegt im Bereich $90^0 \le \alpha \le 150^0$. Die Ersatzwiderstände R_{ers1w} und R_{ers2w} werden wie bei jedem netzgelöschten Stromrichter nach den Gleichungen (5.13) und (5.14) bestimmt.

Aus dem Ersatzschaltbild ergibt sich die Spannungsgleichung

$$u_{di0} = i_d (R_{ers1} + R_{ers2} + R_d + R_{ers1w} + R_{ers2w}) + (L_e + L_d + L_{ew})\frac{di_d}{dt} + u_{di\alpha w} \tag{7.73}$$

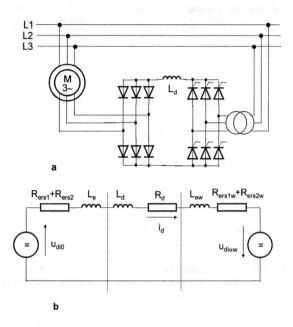

Bild 7.11   Untersynchrone Stromrichterkaskade
a) Prinzipschaltung
b) Ersatzschaltbild

Für den *stationären Betrieb* kann man aus Gleichung (7.73) mit Hilfe der Gleichungen (7.69) und (7.72) den Schlupf berechnen

$$s = \frac{-2{,}34U_N \cos\alpha + U_v + U_{vw} + I_d \sum R}{2{,}34U_{ri0}} \tag{7.74}$$

Diese Beziehung gilt im Bereich kleiner Drehmomente ($M < 0{,}6M_k$). Der Leerlaufschlupf ist dann

$$s_0 = \frac{-2{,}34U_N \cos\alpha + U_v + U_{vw}}{2{,}34U_{ri0}} \tag{7.75}$$

und

$$s = s_0 + \frac{I_d \sum R}{2{,}34U_{ri0}} = s_0 + k \cdot \frac{M}{M_{st}} \tag{7.76}$$

Die sich daraus ergebenden Drehzahl-Drehmoment-Kennlinien sind im Bild 7.12 dargestellt. Sie gelten unter der Voraussetzung eines nichtlückenden Stromes im Gleichstromzwischenkreis.

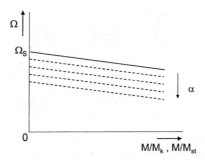

Bild 7.12 Drehzahl-Drehmoment-Kennlinienfeld der untersynchronen Stromrichterkaskade

Infolge des rechteckförmigen Verlauf des Läuferstromes bei vollständiger Glättung des Stromes im Zwischenkreis (Bild 7.13) kommt es auch bei der untersynchronen Stromrichterkaskade zur Bildung von *Pendelmomenten*.

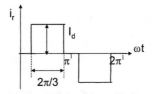

Bild 7.13 Zeitlicher Verlauf des Läuferstromes bei vollständiger Glättung des Zwischenkreisstromes

In diesem Bild ist der endliche Anstieg der Flanken als Folge der Überlappung vernachlässigt. Die Stromflussdauer auf der Wechselstromseite einer Drehstrombrückenschaltung beträgt bekanntlich 120^0.

Im Läuferkoordinatensystem (d-q-Koordinaten) ist der Raumvektor des Läuferstromes

$$\mathbf{i}_r = I_{r1}\left[e^{js\omega_s t} + C_5 e^{-j5s\omega_s t} + C_7 e^{j7s\omega_s t} + ...\right] \qquad (7.77)$$

Die Koeffizienten C_5, C_7 usw. stellen wieder die Fourierkoeffizienten dar.

Im feldorientierten Koordinatensystem (x-y-Koordinaten) ist

$$\mathbf{i}_r = I_{r1}\left[1 + C_5 e^{-j6\omega_s t} + C_7 e^{j6\omega_s t} + ...\right] \qquad (7.78)$$

Da bei der untersynchronen Stromrichterkaskade der Ständer der Asynchronmaschine an die konstante Netzspannung angeschlossen ist, liegt ein Betrieb mit konstanter Ständerflussverkettung vor. Unter diesen Bedingungen wird das Drehmoment der Maschine nach Gleichung (7.24)

$$m = \frac{3}{2} \cdot z_p \cdot k_s \cdot \Psi_s \cdot \text{Im}\left\{ i_r^* \right\} \tag{7.79}$$

und unter Verwendung von Gleichung (7.78)

$$m = M_1 \left[\sin \varphi_n - C_5 \sin 6\omega_s t + C_7 \sin 6\omega_s t \mp ... \right] \tag{7.80}$$

Setzt man das Grundschwingungsdrehmoment dem Bemessungsmoment gleich und nimmt den ungünstigen Fall an, dass sich die gleichfrequenten Anteile auf Grund ihrer Phasenlage addieren, so ergibt sich

$$\frac{\hat{m}_{p6}}{M_n} = \frac{C_5 + C_7}{\cos \varphi_n} = 0{,}06...0{,}08 \tag{7.81}$$

$$\frac{\hat{m}_{p12}}{M_n} = \frac{C_{11} + C_{13}}{\cos \varphi_n} = 0{,}02...0{,}03 \tag{7.82}$$

Besonders die Pendelmomente mit sechsfacher Ständerfrequenz (300 Hz) können bei Antrieben mit Stromrichterkaskade gefährlich werden, da bei größeren Leistungen die Eigenfrequenzen des mechanischen Systems in diesem Bereich liegen.

Den Einfluss der *Zusatzverluste* im Läufer lässt sich durch folgende Überlegungen abschätzen:

Die gesamte Läuferverlustleistung ist

$$P_{vr} = 3 \cdot I_{reff}^2 \cdot R_r \tag{7.83}$$

Der Effektivwert des Läuferstromes ergibt sich zu

$$I_{reff} = I_{r1eff} \sqrt{1 + C_5^2 + C_7^2 + C_{11}^2 + ...} \tag{7.84}$$

Da der Gesamteffektivwert des Stromes nicht größer als der Bemessungsstrom werden darf, muss der Effektivwert der Grundschwingung reduziert werden, d.h., auch bei der untersynchronen Stromrichterkaskade kann aus thermischen Gründen der Motor nicht mit seinem Bemessungsmoment belastet werden.

7.2 Drehstromsynchronmotor

7.2.1 Aufbau und Wirkungsweise

Im Zusammenhang mit der Stromrichterspeisung gewinnt der Synchronmotor auch im Bereich kleinerer Leistungen an Bedeutung. Der Drehstromsynchronmotor besitzt einen Ständer, der mit einer dreisträngigen Wicklung versehen ist, die in Stern oder in Dreieck geschaltet werden kann (s. a. Abschnitt 3.4.2). Hier besteht kein Unterschied zur Asynchronmaschine. Im Gegensatz dazu ist der Läufer ein Polrad (Schenkelpolläufer) oder ein Vollpolläufer, der eine Erregerwicklung trägt, die über Schleifringe mit Gleichstrom gespeist wird. Es entsteht ein zeitlich konstantes Erregerfeld. Bild 7.14 zeigt beide Läufervarianten. Bei Maschinen kleinerer Leistung kann die Erregerwicklung durch Permanentmagnete ersetzt werden. Wird der Läufer mit konstanter Winkelgeschwindigkeit Ω_s bewegt, entsteht im Ständer ein Kreisdrehfeld. Das von der dreiphasigen Netzspannung hervorgerufene Ständerdrehfeld und das Erregerdrehfeld überlagern sich, so dass sich der Läufer mit konstanter, synchroner Winkelgeschwindigkeit dreht:

$$\Omega_S = \frac{2\pi \cdot f_s}{z_p} \tag{7.85}$$

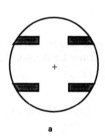

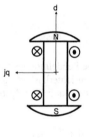

a   b

Bild 7.14   Läuferformen der Synchronmaschine
a) Vollpolläufer
b) Schenkelpolläufer

Sind die Ständerwicklungen offen, so kann man an ihnen die vom Erregerfluss Φ_p induzierte Spannung U_p (Polradspannung) messen. Bei Belastung des Motors fließt im Ständer der Strom I_s, der über der Hauptinduktivität (Ankerinduktivität) der Maschine die Spannung

$$U_a = j \cdot X_h \cdot I_s \tag{7.86}$$

hervorruft. Über der Streuinduktivität entsteht der Spannungsabfall $jX_\sigma I_s$ und über dem ohmschen Widerstand $R_s I_s$. Damit lautet die Spannungsgleichung der Synchronmaschine im stationären Betrieb (zeitlich komplexe Größen, Zeiger)

$$U_s = U_p + I_s(R_s + jX_\sigma + jX_h) \tag{7.87}$$

Das entsprechende Ersatzschaltbild ist im Bild 7.15 dargestellt.

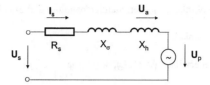

Bild 7.15 Ersatzschaltbild der Synchronmaschine im stationären Betrieb

Für die einzelnen Flusskomponenten lassen sich folgende Beziehungen angeben:

Hauptfluss

$$\Phi_h = \Phi_p + \Phi_a \qquad (7.88)$$

$$\Phi_h \sim U_s$$

Ankerfluss

$$\Phi_a \sim I_s$$

Polradfluss

$$\Phi_p \sim I_E \qquad (I_E: \text{Erregerstrom})$$

Für die Spannungen gilt entsprechend bei Vernachlässigung von R_s und X_σ (ξ = Wicklungsfaktor, w = Windungszahl)

$$U_s = U_p + U_a = j \cdot \omega \cdot w \cdot \xi \cdot \Phi_h$$

$$U_p = j \cdot \omega \cdot w \cdot \Phi_p \qquad (7.89)$$

$$U_a = j \cdot \omega \cdot w \cdot \Phi_a$$

Bei leerlaufender Maschine sind das Polradfeld und das Hauptfeld deckungsgleich aber entgegengesetzt gerichtet. Wird die Maschine belastet, so bleibt bei Motorbetrieb das Polrad hinter dem Hauptfeld um eine bestimmten Winkel β zurück. Dieser sogen. Polradwinkel nimmt mit steigender Belastung zu. Bei generatorischem Betrieb eilt das Polradfeld dem Hauptfeld voraus. Auch hier wächst der Polradwinkel β mit steigender Belastung. Die räumlichen Verhältnisse der Felder bei Motorbetrieb sind im Bild 7.16 gezeigt. Das entsprechende Zeigerbild sieht man im Bild 7.17. Infolge der oben getroffenen Vereinfachungen stehen die Zeiger der Spannungen senkrecht auf den Zeigern der zugehörigen Flüsse. Fluss und verursachender Strom liegen in Phase.

Die in diesem Zeigerbild auftretenden Winkel sind

φ　　　　Phasenwinkel zwischen Ständerspannung und Ständerstrom,

β　　　　Polradwinkel,

κ　　　　Vorsteuerwinkel ($\angle$ $\mathbf{U}_p,\mathbf{I}_s$),　κ = β - φ.

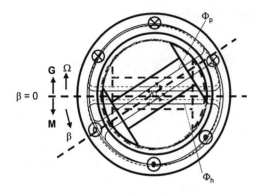

Bild 7.16
Räumliche Verhältnisse bei
belasteter Maschine

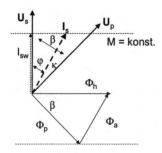

Bild 7.17
Vereinfachtes Zeigerbild
(Motorbetrieb)

Die *Belastungskennlinien* ermittelt man aus einer Leistungsbilanz. Bei einer idealen, verlust-freien Maschine ist die abgegebene mechanische Leistung gleich der aufgenommenen elektri-schen Wirkleistung:

$$M \cdot \Omega_S = 3 \cdot U_s \cdot I_s \cos\varphi \tag{7.90}$$

Bei einer *Vollpolmaschine* ist der Ständerwirkstrom näherungsweise (ohne Beweis)

$$I_s \cos\varphi = \frac{U_p}{X} \sin\beta \tag{7.91}$$

wenn X die Gesamtreaktanz ist.

Das Drehmoment ergibt sich damit aus Gleichung (7.90) zu

$$M = \frac{3}{\Omega_S} \cdot \frac{U_s \cdot U_p}{X} \sin \beta \qquad (7.92)$$

Das maximal mögliche Moment wird erreicht, wenn der Polradwinkel $\beta = 90^0$ beträgt. Wird dann die Belastung noch weiter gesteigert, fällt die Maschine „außer Tritt" und bleibt stehen. Somit ist das Kippmoment der Synchronmaschine

$$M_k = \frac{3}{\Omega_S} \cdot \frac{U_s \cdot U_p}{X} \qquad (7.93)$$

und

$$M = M_k \cdot \sin \beta \qquad (7.94)$$

Die stationären Kennlinien sind im Bild 7.18 dargestellt.

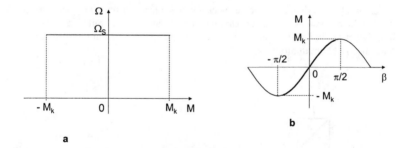

Bild 7.18   Stationäre Kennlinien der Synchronmaschine
a) Drehzahl-Drehmoment-Kennlinie
b) Drehmoment-Polradwinkel-Kennlinie

Bei *Schenkelpolmaschinen* überlagert sich dem elektrischen Moment noch ein sogen. Reaktionsmoment auf Grund der magnetischen Vorzugsrichtung des Läufers:

$$M_{re} = kU_s^2 \sin 2\beta \qquad (7.95)$$

Die Überlastbarkeit (s.a. Abschnitt 8) von Synchronmaschinen liegt im Bereich von

$$M_k/M_n = 2{,}5 \dots 4.$$

7.2.2 Drehzahlstellen

7.2.2.1 Fremdsteuerung

Gleichung (7.85) zeigt, dass die Drehzahl nur über die Frequenz der speisenden Spannung beeinflusst werden kann, weil eine Veränderung der Polpaarzahl technisch nicht möglich ist. Umrichter gestatten es, ein Drehstromsystem fester Spannung und Frequenz in ein anderes Drehstromsystem veränderlicher Spannung und Frequenz mit Hilfe der Steuersignal u_s und u_f auf leistungselektronischem Weg wie beim frequenzgesteuerten Drehstromasynchronmotor umzuwandeln. Eine derartige Lösung führt zum fremdgesteuerten Synchronmotor (Bild 7.19). Geht man von einer Gleichspannung U_d aus, die beispielsweise durch einen steuerbaren Gleichrichter erzeugt wird, so kann man diese Gleichspannung anschließend durch einen Wechselrichter in das gewünschte Drehstromsystem umformen. Die Fremdsteuerung ist dadurch gekennzeichnet, dass in Abhängigkeit vom Drehmoment

$$\Omega_S = konst.$$

$$\beta = f(M)$$

sind.

Die Synchronmaschine verhält sich wie bei Speisung aus einem starren Netz, und man erhält das im Bild 7.20 dargestellte Drehzahl-Drehmoment-Kennlinienfeld mit f_s als Parameter. Anwendung findet die Fremdsteuerung bei Antrieben sehr großer Leistung und langsam laufenden Antrieben mit Direktumrichter.

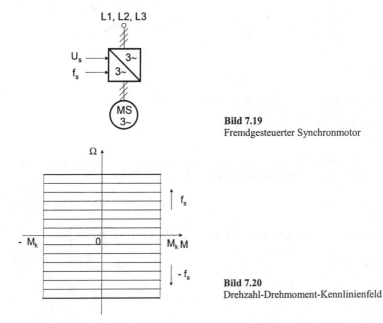

Bild 7.19
Fremdgesteuerter Synchronmotor

Bild 7.20
Drehzahl-Drehmoment-Kennlinienfeld

7.2.2.2 Selbststeuerung

Eine etwas abgewandelte Lösung ist im Bild 7.21 gezeigt. Im Gegensatz zu Bild 7.19 wird das Signal u_f für die Frequenz des zu erzeugenden Dreiphasensystems von der Stellung des Polrades mittels eines sogenannten Polradlagegebers magnetisch, optisch oder elektrisch gewonnen. Dieser selbstgesteuerte Synchronmotor hat ein völlig anderes Verhalten als der fremdgesteuerte Motor. Infolge der Selbststeuerung ist die Frequenz des Dreiphasensystems und damit die Leerlaufdrehzahl von der Gleichspannung U_d abhängig. Kennzeichen der Selbststeuerung sind:

$$\Omega_S = f(M)$$

$$\beta, \kappa = konst.$$

Wird dem Motor durch das Stellglied die Ständerspannung eingeprägt (spannungsgesteuerter Betrieb), so entspricht das einem Betrieb mit β = *konst.*, während bei Stromeinprägung (stromgesteuerter Betrieb) κ = *konst.* ist. Das Drehzahl-Drehmoment-Kennlinienfeld mit der Ständerspannung U_s als Parameter zeigt Bild 7.22.

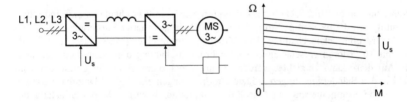

Bild 7.21 Selbstgesteuerter Synchronmotor   **Bild 7.22** Drehzahl-Drehmoment-Kennlinienfeld

Selbstgesteuerte Synchronmotoren werden vor allem im Bereich sehr großer Leistung eingesetzt, die mit Gleichstrommaschinen nicht mehr realisierbar sind (Stromrichtermotor, BL-Motor). Im Bereich kleiner Leistungen werden selbstgesteuerte, permanentmagneterregte Synchronmotoren in Form des Elektronikmotors angewendet.

Ungesteuerte Synchronmotoren findet man bei durchlaufenden Antrieben, die eine konstante lastunabhängige Drehzahl erfordern (z.B. Kolbenverdichter). Synchronmotoren am Netz haben außerdem den Vorteil, dass sie gleichzeitig zur Blindleistungserzeugung (Phasenschieber) verwendet werden können.

7.2.3 Anlassen

Synchronmotoren können nicht direkt eingeschaltet werden, da das stillstehende Polrad dem sofort mit synchroner Drehzahl umlaufenden Ständerdrehfeld nicht folgen kann. Man benötigt deshalb Anlaufhilfen, z.B. einen gesonderten Anwurfmotor (nur zweckmäßig bei Leeranlauf) oder einen Anlaufkäfig auf dem Läufer der Maschine, der einen asynchronen Anlauf ermöglicht. Bei einem drehzahlsteuerbaren Antrieben (fremd- oder selbstgesteuerter Synchronmotor) erfolgt der Anlauf durch eine Spannungs- und Frequenzsteuerung.

7.2.4 Bremsen

Durch Änderung des Polradwinkels ist ein stetiger Übergang vom Motor- in den Generatorbetrieb möglich, so dass durchziehende Lasten mittels Nutzbremsung abgesenkt werden können. die Senkgeschwindigkeit ist aber von der Frequenz der Ständerspannung abhängig, d.h.,
veränderliche Drehzahlen beim Nutzbremsen sind nur bei fremd- und selbstgesteuerten Motoren möglich.

Besitzt die Maschine einen Anlaufkäfig, so ist eine Gegenstrombremsung ähnlich wie bei
Asynchronmaschinen denkbar. Allerdings ergeben sich hier hohe Ströme und geringe
Bremsmomente. Deshalb wird dieses Verfahren normalerweise nicht angewendet. Bedeu-
tungsvoller ist die Widerstandsbremsung, bei der die Synchronmaschine generatorisch im
Inselbetrieb auf Widerstände arbeitet. Die Größe des Bremsmomentes ist von den Widerständen und von der Erregung abhängig. Die Bremsmethode eignet sich sowohl zum Stillsetzen
als auch zum Absenken. Bei Stillstand entwickelte die Schaltung kein Bremsmoment, da die
in der Ständerwicklung induzierte Spannung Null ist. Die Drehzahl-Drehmoment-Kennlinien
entsprechen denen bei Gleichstrombremsung der Asynchronmaschine (Bild 3.47).

7.2.5 Stromrichtermotor

Der Stromrichtermotor (Bild 7.21) hat als Energiespeicher im Zwischenkreis eine Induktivität. Demzufolge ist der netzseitige Stromrichter (NSR) ein gesteuerter Stromrichter, vorzugsweise in Drehstrombrückenschaltung. Der Maschinenstromrichter (MSR) besteht ebenfalls
aus einer mit Thyristoren versehenen Drehstrombrückenschaltung ohne Kommutierungseinrichtung. Auf diese kann verzichtet werden, da die Synchronmaschine auf Grund der vom
Polradfeld in den Ständerwicklungen induzierten Spannungen ein eigenes Dreiphasensystem
aufbaut, das die Kommutierung im Maschinenstromrichter bewirkt. Da bei Stillstand der
Maschine keine Spannung in den Ständerwicklungen induziert wird, gibt es Probleme beim
Anlauf. Der Anlaufvorgang kann durch eine Taktung des Zwischenkreisstromes eingeleitet
werden. Eine andere Möglichkeit besteht in einer zusätzlichen Kommutierungseinrichtung für
den Maschinenstromrichter, die aber nur beim Anlaufvorgang wirksam wird.

Der Stromrichtermotor wird für Antriebe sehr großer Leistungen (MW-Bereich) eingesetzt.
Durch spezielle Regelstrukturen ist ein feldorientierter Betrieb möglich, d.h., die gesamte
Läuferflussverkettung tritt nur in d-Richtung des Polrades auf, die q-Komponente ist Null:

$$\psi_{rd} = \Psi_r \quad ; \qquad \psi_{rq} = 0.$$

Damit ist das Drehmoment der q-Komponente des Ständerstromes i_{sq} direkt proportional

$$m = \frac{3}{2} \cdot z_p \cdot k_r \cdot \Psi_r \cdot i_{sq} \tag{7.96}$$

Das Drehzahl-Drehmoment-Kennlinienfeld entspricht dem einer spannungsgesteuerten
Gleichstrommaschine. Der Maschinenstromrichter, der über einen Polradlagegeber gesteuert
wird, übernimmt also die Aufgabe des Kommutators der Gleichstrommaschine.

In Bezug auf das dynamische Verhalten ergeben sich je nach Betriebsweise Unterschiede:

- bei Spannungseinprägung wird die Ständerspannung u_s vorgegeben, der Strom i_{sq} bildet sich infolge der Ständerinduktivität bzw. der Ständerzeitkonstante T_{sq} verzögert aus, so dass auch das dynamische Verhalten dem der Gleichstrommaschine gleichkommt;

- bei Stromeinprägung wird die Ständerstromkomponente i_{sq} direkt vorgegeben, die Ständerzeitkonstante wird unwirksam und das Drehmoment lässt sich verzögerungsfrei verstellen, wodurch sich ein wesentlich besseres dynamisches Verhalten als bei Spannungseinprägung ergibt.

7.2.6 Elektronikmotor

7.2.6.1 Aufbau

Der Elektronikmotor ist eine permanentmagneterregte Synchronmaschine, die über einen Transistorwechselrichter als Maschinenstromrichter gespeist wird. Die Steuersignale für diesen Stromrichter werden wie bei Stromrichtermotor von der Lage des Polrades über einen speziellen Polradlagegeber abgeleitet. Der Netzstromrichter ist vorzugsweise ein ungesteuerter Stromrichter in Einphasen- oder Dreiphasenbrückenschaltung. Der Energiespeicher im Zwischenkreis ist eine Kapazität. Bild 7.23 zeigt das Prinzipschaltbild des Antriebes. Das stationäre Drehzahl-Drehmoment-Kennlinienfeld entspricht dem im Bild 7.22 dargestellten Diagramm. Vierquadrantenbetrieb ist durch einfache Beeinflussung der stromrichternahen Signalverarbeitung des Transistorwechselrichters (Umkehr der Phasenfolge der Ausgangsspannung) zu verwirklichen.

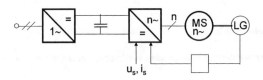

Bild 7.23 Prinzip des Elektronikmotors

7.2.6.2 Auswahl der Schaltung

Tabelle 7.2 gibt eine Übersicht über Grundschaltungen der Ständerwicklungen. Als Vergleichsgröße für die Maschinenausnutzung wird der „relative Drehschub" F' verwendet:

$$F' = \frac{2}{3}\sqrt{2}\,\frac{U_d \cdot I_d}{U_m \cdot I}\sin\frac{\pi}{2m} \tag{7.97}$$

U_d und I_d sind ein Maß für die Beanspruchung der Transistorschalter. U_m und I sind die Amplituden der Stranggrößen des Motors. m ist die Strangzahl der Ständerwicklung. Als günstigste Variante ergibt sich die dreisträngige Maschine mit Drehstrombrückenschaltung wegen:

-   einfacher elektronischer Schaltung,

-   gleichmäßigem Drehmomentverlauf,

-   hoher Motorausnutzung.

Diese Variante des Elektronikmotors wird für Leistungen im Bereich von etwa 0,5 ... 15 kW für hochdynamische Stellantriebe eingesetzt. Die konstruktive Vereinigung von Motor und Lagegeber wird vielfach als Servomotor bezeichnet.

Für kleine Leistungen wird auch die wegen der geringeren Kosten günstige zweisträngige Variante eingesetzt. Häufig wird hierbei neben dem Lagegeber auch das Stellglied in das Motorgehäuse integriert.

7.2.6.3 Drehzahlungleichförmigkeit

Da die Zahl der Transistorschalter beim Elektronikmotor im Vergleich zur Zahl der Kommutatorlamellen einer konventionellen Gleichstrommaschine gering ist, tritt beim Elektronikmotor ein stark pulsierender Ankerstrom auf, der ein entsprechend pulsierendes Drehmoment hervorruft. Besonders kritisch sind Schaltungen mit niedrigen Pulszahlen, die vor allem bei Maschinen kleiner Leistung eingesetzt werden. Die unerwünschte Drehmomentwelligkeit kann mit elektronischen Mitteln durch eine entsprechende Steuerung der Transistoren und konstruktiv durch eine dem Stromverlauf angepasste Feldverteilung verringert werden.

Zur Selbstkontrolle

-   Welche Besonderheiten weist eine wechselrichtergespeiste Asynchronmaschine auf?

-   Weshalb müssen bei Frequenzsteuerung einer Asynchronmaschine Ständerfrequenz und Ständerspannung gleichzeitig geändert werden?

-   Erläutern Sie das Prinzip der untersynchronen Stromrichterkaskade!

-   Weshalb wird die Spannungssteuerung der Asynchronmaschine nur bei kleineren Leistungen angewendet?

-   Weshalb wird der Elektronikmotor auch als Gleichstrommaschine mit elektronischem Kommutator bezeichnet?

-   Erläutern Sie den Unterschied zwischen einer fremdgesteuerten und einer selbstgesteuerten Synchronmaschine!

Tabelle 7.2 Schaltungen des Elektronikmotors (S: Sternschaltung; B: Brückenschaltung)

Nr.	Schaltung	Art	Puls-zahl	Anzahl der Schalter	F'	U_d/U_m	I_d/I
1		S	2	2	0,42	0,32	1,41
2		S	3	3	0,67 5	0,83	1,73
3		S	4	4	0,6	0,45	2
4		S	6	6	0,55	0,48	2,45
5		B	6	6	0,95	1,65	1,22

8 Projektierung von Antriebssystemen

8.1 Anpassung des Motors an die Arbeitsmaschine

Bei der Auswahl des Motors ist zu beachten, dass das Antriebssystem eine technische Einheit darstellt. Die Auswahl eines Bauelementes des Systems kann nur im Zusammenhang mit den Eigenschaften der anderen Baugruppen erfolgen. Für die Auswahl einer bestimmten Motorenart sind deshalb folgende Gesichtspunkte wichtig:

1. Anforderungen der Arbeitsmaschine in Bezug auf Betriebsart, Leistung, Drehzahl, Drehmoment. Darüber hinaus sind Fragen des Anlassens, Bremsens und der Drehrichtungsumkehr sowie der technologisch erforderliche Drehzahlstellbereich zu berücksichtigen. Die Umrechnung der Parameter der Arbeitsmaschine auf die Motorwelle erfolgt gemäß Abschnitt 2.3.

Hinsichtlich der konstruktiven Anpassung des Motors an die Arbeitsmaschine ist zu beachten, dass nur bestimmte *Bauformen* von Elektromotoren nach DIN 42950 bzw. DIN IEC 34 - 7 zur Verfügung stehen.

Zur Kennzeichnung gibt es zwei Möglichkeiten:

a. Code I umfasst eine begrenzte Anzahl von Varianten. Hierzu zwei Beispiele:

IM B 3 - Maschine mit zwei Lagerschilden mit Füßen und einem freien Wellenende; waagerechte Anordnung,

IM V 2 - Maschine mit zwei Lagerschilden ohne Füße, Flanschanbau unten, ein freies Wellenende oben; senkrechte Anordnung.

b. Code II ist ein allgemeiner, umfassenderer Code. Das Kurzzeichen ist wie folgt aufgebaut:

IM - -- -

Hierbei bedeuten:

IM	Grundkennzeichnung (International Mounting)
1. Ziffer	Bauform
2. und 3. Ziffer	Aufstellung
4. Ziffer	Art des Wellenendes

Auch hierzu zwei Beispiele:

IM 1 00 1 - Maschine mit zwei Lagerschilden, horizontale Aufstellung, Fußbefestigung, 1 Wellenende zylindrisch,

IM 2 01 1 - Maschine mit zwei Lagerschilden, senkrechte Aufstellung, Flanschbefestigung, 1 Wellenende zylindrisch.

2. Gegebenheiten des Netzes, wie Stromart, Spannung, Kurzschlussleistung im Anschluss-punkt.

3. Umweltbedingungen, wie Temperatur, Staub, Luftfeuchtigkeit, explosive oder chemisch aggressive Atmosphäre, Lage über dem Meeresspiegel u. ä.

In diesem Zusammenhang sind die *Schutzgrade* elektrischer Maschinen (DIN 40050 bzw. DIN VDE 0530 Teil 5) von Bedeutung. Sie werden durch zwei Ziffern hinter der Kenn-zeichnung IP (International Protection) charakterisiert.

Die erste Ziffer betrifft den Berührungsschutz:

0   ungeschützt
1   geschützt gegen feste Fremdkörper größer 50 mm
2   geschützt gegen feste Fremdkörper größer 12 mm
3   geschützt gegen feste Fremdkörper größer 2,5 mm
4   geschützt gegen feste Fremdkörper größer 1 mm
5   geschützt gegen Staubablagerung
6   geschützt gegen Staubeintritt.

Die zweite Ziffer betrifft den Wasserschutz:

0   ungeschützt
1   geschützt gegen Tropfwasser
2   geschützt gegen Tropfwasser bei Schrägstellung bis zu 15°
3   geschützt gegen Sprühwasser
4   geschützt gegen Spritzwasser
5   geschützt gegen Strahlwasser
6   geschützt gegen schwere See
7   geschützt beim Eintauchen
8   geschützt beim Untertauchen.

4. Wirtschaftliche Fragen wie Preis, Betriebskosten, Eratzteilhaltung usw.

Hat man sich unter Berücksichtigung dieser vier Gesichtspunkte für eine bestimmte *Motorart* entschieden, so muss als nächstes die notwendige Bemessungsleistung des Motors bestimmt werden.

8.2 Gesichtspunkte für die Festlegung der Motorbemessungs-leistung

Bei der Festlegung der Bemessungsleistung des Motors muss man davon ausgehen, dass eine zu knappe Bemessung die Lebensdauer des Motors herabsetzt, während eine zu großzügige Bemessung einen schlechten Wirkungsgrad η und gegebenenfalls einen schlechten Leistungs-faktor cos φ zur Folge hat. Allgemein erfolgt die Motordimensionierung nach zwei Gesichts-punkten:

1. Die Motortemperatur darf einen bestimmten Grenzwert nicht überschreiten (*Thermische Auslegung*).

    Diese Grenztemperaturen bzw. Grenz-Übertemperaturen sind in Abhängigkeit von der verwendeten Isolierstoffklasse nach DIN VDE 0301 und DIN VDE 0530 Teil 1 festgelegt (vgl. Tabelle 8.1):

Tabelle 8.1 Übersicht über Isolierstoffklassen

Isolierstoffklasse	A	E	B	F	H
Grenztemperatur in °C	105	120	130	155	180

Eine Überschreitung dieser Grenztemperaturen beschleunigt den Alterungsprozess des Isolierstoffes und setzt damit die Lebensdauer des Motors herab.

2. Der Motor muss in der Lage sein, das größte Drehmoment aufzubringen, das von der Arbeitsmaschine gefordert wird (*Kontrolle der Überlastung*).

8.2.1 Thermische Vorgänge in elektrischen Maschinen

Die Ursache der Erwärmung sind die beim Energiewandlungsprozess in der Maschine entstehenden Verluste p_v, die man im Wesentlichen in zwei Gruppen einteilen kann:

$$p_v = p_{v0} + p_{vL} \qquad (8.1)$$

Die *Leerlaufverluste* p_{v0} enthalten u.A. die Lager- und Luftreibungsverluste sowie die Ummagnetisierungsverluste (Wirbelstrom- und Hystereseverluste). Alle diese Verlustanteile hängen von der Drehzahl bzw. elektrischen Frequenz ab. Bei Motoren mit Nebenschlussverhalten soll die Drehzahl als belastungsunabhängig betrachtet werden, so dass im Folgenden stets gilt:

$$p_{v0} = P_{v0} = konst. \qquad (8.2)$$

Die *Lastverluste* p_{vL} werden hauptsächlich durch die Stromwärmeverluste $i^2 R$ in den Wicklungen bestimmt. Es soll deshalb angesetzt werden:

$$p_{vL} = k \cdot i^2 \qquad (8.3)$$

Damit wird aus Gleichung (8.1)

$$p_v = P_{v0} + k \cdot i^2 \qquad (8.4)$$

Eine reale elektrische Maschine stellt ein Mehrstoffsystem (Eisen, Kupfer, Isolierstoff, Luft) dar, bei dem die Wärmequellen (Entstehungsort der Verluste) vor allem auf die Wicklungen, das Blechpaket und die Lager der Welle konzentriert sind. Die thermischen Vorgänge in der Maschine lassen sich aber nur dann übersichtlich darstellen, wenn einige Vereinfachungen eingeführt werden. Diese Vereinfachungen sind im Einzelnen:

1. Der Motor ist ein homogener Körper.

2. Die Wärmequellen sind in diesem homogenen Körper gleichmäßig verteilt.

3. Die Wärmeabgabe erfolgt nur durch Konvektion, d.h., Wärmestrahlung und -leitung werden vernachlässigt.

Diese Vereinfachungen sind sehr einschneidend. Es wird ferner angenommen, dass der Temperaturausgleich in der Maschine rasch vor sich geht, was besonders bei schnellen Belastungsänderungen nicht mehr zutrifft. Die Vernachlässigung der Wärmestrahlung und Wärmeleitung ist im Allgemeinen zulässig, da die Grenz-Übertemperaturen elektrischer Maschinen etwa bei 125 K liegen (vgl. Tabelle 8.1). Somit ist es möglich, eine vereinfachte Wärmebilanz der Maschine aufzustellen.

Die im Intervall dt zugeführte (d.h. in der Maschine entstehende) Wärmeenergie $p_v dt$ teilt sich auf in eine gespeicherte Wärmemenge $Cd\vartheta$, die durch die Wärmekapazität C und die Temperaturerhöhung $d\vartheta$ im Intervall dt bestimmt wird, sowie in eine abgeführte Wärmemenge $A\vartheta dt$, die vom Wärmeabgabevermögen A und von der Übertemperatur ϑ (Differenz zwischen Umgebungs- und Motortemperatur) abhängt:

$$p_v dt = Cd\vartheta + A\vartheta dt \tag{8.5}$$

Die Wärmekapazität ist proportional der Masse des Körpers, während das Wärmeabgabevermögen von der Oberfläche des Körpers und von der Art der Kühlung (man unterscheidet selbstbelüftete und fremdbelüftete sowie geschlossene Maschinen) abhängt.

Der zeitliche Verlauf der Temperatur wird durch die Lösung der Differentialgleichung (8.5) wie folgt beschrieben:

Erwärmungsvorgang bei zeitlich konstanter Verlustleistung:

Der Motor wird zum Zeitpunkt $t = 0$ eingeschaltet. Zu diesem Zeitpunkt soll sprunghaft die Verlustleistung P_v auftreten.

Gleichung (8.5) wird dann

$$P_v = C\frac{d\vartheta}{dt} + A\vartheta \tag{8.6}$$

Mit den Randbedingungen $t = 0$, $\vartheta = \Theta_a$ wird

$$\vartheta = \frac{P_v}{A} + \left(\Theta_a - \frac{P_v}{A} \right) e^{-\frac{t}{C/A}} \qquad (8.7)$$

Für t → ∞ erhält man

$$\vartheta = \Theta_e = \frac{P_v}{A} \qquad (8.8)$$

Gleichung (8.8) stellt die stationäre Endtemperatur des Erwärmungsvorganges dar, die nur von der Verlustleistung und dem Wärmeabgabevermögen abhängt. Ferner wird

$$T = \frac{C}{A} \qquad (8.9)$$

als thermische Zeitkonstante definiert. Man erkennt, dass diese Zeitkonstante ein Maß für die Änderungsgeschwindigkeit der Temperatur ist. Für Maschinen mit großer Masse (C groß) wird der Erwärmungsvorgang wesentlich langsamer ablaufen als für kleine Maschinen (C klein).

Beginnt der Erwärmungsvorgang bei Umgebungstemperatur ($\Theta_a = 0$), so gilt

$$\vartheta = \Theta_e \left(1 - e^{-\frac{t}{T}} \right) \qquad (8.10)$$

Der Vorgang ist für $t = 3T$ praktisch abgeschlossen ($\vartheta = 0{,}95\Theta_e$).

Die Anfangssteigung der Funktion Gleichung (8.10) ist

$$\left(\frac{d\vartheta}{dt} \right)_{t=0} = \frac{\Theta_e}{T} \qquad (8.11)$$

so dass man die Zeitkonstante aus Bild 8.1 ablesen kann.

Abkühlungsvorgang bei Stillstand des Motors:

Der Motor soll vor Beginn des Abkühlungsvorganges auf seine stationäre Endtemperatur erwärmt worden sein; der Motor wird zum Zeitpunkt $t = 0$ abgeschaltet, und damit wird die Verlustleistung sprunghaft Null. Aus Gleichung (8.5) ergibt sich

$$0 = C \frac{d\vartheta}{dt} + A_{st} \vartheta \qquad (8.12)$$

Die Lösung dieser Gleichung lautet

$$\vartheta = \Theta_0 e^{-\frac{t}{T_{st}}}$$ (8.13)

Das Wärmeabgabevermögen bei stillstehendem Motor ist bei selbstbelüfteten Maschinen wesentlich geringer als bei laufendem Motor, d.h.

$A_{st} < A$

bzw.

$$T_{st} = \frac{C}{A_{st}} \geq T$$ (8.14)

Es gelten als Richtwerte

$T/T_{st} = 0,5 \dots 1;$

$T = 5 \text{ min} \dots 5 \text{ h}.$

Der Temperaturverlauf für einen Abkühlungsvorgang ist im Bild 8.2 dargestellt. Die Umgebungstemperatur wird praktisch für $t = 3\ T$ erreicht ($\vartheta = 0,05\ \Theta_e$).

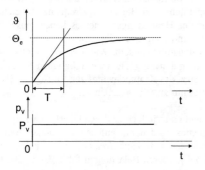

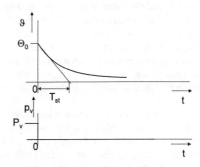

Bild 8.1 Erwärmungsvorgang   **Bild 8.2** Abkühlungsvorgang

Zur Selbstkontrolle

-      Beschreiben Sie analytisch den Erwärmungs- und den Abkühlungsvorgang bei einem Elektromotor!

-      In welcher Größenordnung liegen die thermischen Zeitkonstanten bei Elektromotoren?

-      Welche Gesichtspunkte sind für die Festlegung der Motorbemessungsleistung maßgebend?

Zur Übung

8.1   Ein Drehstromasynchronmotor, dessen Wärmekapazität C = 23,1 kWs/K und dessen
       Wärmeabgabevermögen A = 11,1 W/K betragen, wird mit einer konstanten Belastung
       betrieben und entwickelt eine Verlustleistung von P_v = 884 W.

       Berechnen Sie die stationäre End-Übertemperatur und die thermische Zeitkonstante
       für den Erwärmungsvorgang!

       Zeichnen Sie den Temperaturverlauf als Funktion der Zeit!

8.2.2 Überlastbarkeit elektrischer Maschinen

Wie bereits oben ausgeführt wurde, spielt bei der Bestimmung der Motorbemessungsleistung
neben der thermischen Auslegung die Kontrolle der Überlastung eine wesentliche Rolle. Elektromotoren sind nicht in der Lage, beliebig große Drehmomente zu entwickeln, auch wenn
diese nur kurzzeitig gefordert werden. Dieser Sachverhalt ist bei *Asynchronmotoren* und bei
Synchronmotoren offensichtlich, da bei diesen Maschinen das *Kippmoment* das maximal mögliche Moment darstellt. Wird der Motor mit einem Widerstandsmoment belastet, das größer als
das Kippmoment ist, so bleibt er stehen.

Nach DIN VDE 0530 Teil 1 darf das Kippmoment von Induktionsmotoren höchstens -10% von
seinem gewährleisteten Wert bei Bemessungsspannung und Bemessungsfrequenz abweichen,
wobei es aber mindestens den 1,6-fachen Wert des Bemessungsmomentes haben muss. Die
gleiche Toleranz von -10% gilt auch für Synchronmotoren. Das Kippmoment dieser Motoren
muss mindestens gleich dem 1,35-fachen Bemessungsmoment sein. Wie bereits gezeigt wurde,
ist das Kippmoment vom Quadrat der Netzspannung abhängig. Bei einer möglichen Netzspan-
nungsabsenkung von 10% stehen dann nur etwa 80% des Kippmomentes zur Verfügung. Es ist
deshalb üblich, die Listenwerte des Kippmomentes nur zu 80% auszunutzen.

Bei *Gleichstrommotoren* tritt zwar kein Kippmoment auf, jedoch ist deren Überlastbarkeit etwa
auf den 1,6-fachen Wert des Bemessungsmomentes (und damit auf den 1,6-fachen Bemessungsstrom) begrenzt. die Gründe dafür liegen in der *Ankerrückwirkung*, die zur Feldschwächung und damit zu einer steigenden Drehzahl bei größeren Belastungen führt (Bild 8.3). Ein
derartiger Drehzahlanstieg bewirkt instabile Arbeitspunkte.

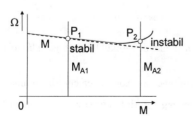

Bild 8.3
Drehzahlanstieg durch Ankerrückwirkung

Die Ankerrückwirkung kann bei großen Maschinen durch eine sogenannte Kompensationswicklung beseitigt werden, wodurch die Überlastbarkeit auf den 2,2-fachen Wert des Bemessungsmomentes steigt. Diese Grenze ist durch die *Sättigung der Wendepole* und damit durch Schwierigkeiten bei der Kommutierung gegeben.

Stellmotoren (Servomotoren) sind infolge ihrer Auslegung wesentlich höher überlastbar (5- bis 10-faches Bemessungsmoment).

Die Mindestüberlastbarkeiten von Mehrphasuenindiiktionsmotoren und Gleichstrommotoren sind in DIN VDE 0530 Teil 1 wie folgt festgelegt:

Unabhängig von ihrem Betrieb und von ihrer Ausführung müssen diese Motoren 15 s lang bei Bemessungsspannung (Induktionsmotoren auch bei Bemessungsfrequenz) bis zum 1,6-fachen Bemessungsmoment überlastbar sein, ohne dass bei Induktionsmotoren bei stetigem Anstieg des Drehmomentes ein Kippen oder eine wesentliche Drehzahländerung auftritt. Bei Gleichstrommotoren kann die Drehmomentüberlastbarkeit auch durch die Stromüberlastbarkeit ausgedrückt werden. Motoren der Betriebsart S 9 (siehe Abschnitt 8.2.3.) müssen kurzzeitig in der durch den Betrieb festgelegten Höhe im Drehmoment überlastbar sein.

Zur Selbstkontrolle

-   Wodurch ist die Überlastbarkeit von Asynchronmotoren, Synchronmotoren und Gleichstrommotoren begrenzt?

8.2.3 Übersicht über die Betriebsarten

In den meisten Fällen ist die Belastung des Motors zeitlich nicht konstant (z.B. Kranantrieb, Umkehrwalzwerk, Fahrzeugantrieb, Werkzeugmaschinenantrieb). Fast immer lassen sich aber periodische Belastungsverläufe erkennen, die man auf einige typische Belastungsformen zurückführen kann. Neben dem stationären Betrieb mit konstanter Drehzahl und veränderlichem Belastungsmoment treten auch andere Betriebszustände wie Anlauf, Bremsen und Reversieren (Drehrichtungsumkehr) auf.

Entsprechend definiert DIN VDE 0530 Teil 1 den Begriff *Betrieb* als Festlegung der Belastung für die Maschine einschließlich ihrer zeitlichen Dauer und Reihenfolge sowie gegebenenfalls Anlauf, elektrisches Bremsen, Leerlauf und Pausen. Unter *Betriebsart* versteht man Dauerbetrieb, Kurzzeitbetrieb oder periodischen Betrieb, der durch eine oder mehrere Belastungen gekennzeichnet ist und während einer bestimmten Dauer unverändert bleibt, oder nichtperiodischen Betrieb, bei dem sich im Allgemeinen Belastung und Drehzahl innerhalb des zulässigen Betriebsbereiches ändern. Die Angabe des Betriebes eines Elektromotors unter Verwendung der nachstehend aufgeführten Betriebsarten obliegt dem *Betreiber* dieses Elektromotors.

Es stehen ihm zu Charakterisierung des Betriebes 9 Betriebsarten zur Verfügung (s.a. Tabelle 8.2):

Dauerbetrieb, Betriebsart S1

Ein Betrieb mit konstanter Belastung, dessen Dauer ausreicht, den thermischen Beharrungszustand zu erreichen (Beispiele: Schachtlüfter, Entwässerungspumpe).

Die gesamte Betriebszeit ist: $t_B > (3 \dots 4)\,T$

Kurzzeitbetrieb, Betriebsart S 2

Ein Betrieb mit konstanter Belastung, dessen Dauer nicht ausreicht, den thermischen Beharrungszustand zu erreichen, und einer nachfolgenden Pause von solcher Dauer, dass die wieder abgesunkene Maschinentemperaturen nur noch weniger als 2 K von der Temperatur des Kühlmittels abweichen (Beispiele: Haushaltgeräte, Bahnen).

Es gilt $t_B < 3T$; $t_p > (3 \dots 4)\,T_{st}$.

Aussetzbetrieb, Betriebsart S 3

Ein Betrieb, der sich aus einer Folge gleichartiger Spiele zusammensetzt, von denen jedes eine Zeit mit konstanter Belastung und eine Pause umfasst, wobei der Anlaufstrom die Erwärmung nicht wesentlich beeinflusst (Beispiel: Kranantrieb mit Schleifringläufermotor und mechanischer Bremsung).

Es gilt $t_b < 3\,T$; $t_p < 3\,T_{st}$

Die *Spielzeit* t_{sp} ist die Summe aus Belastungszeit t_b und Pausenzeit t_p:

$$t_{sp} = t_b + t_p \qquad\qquad\qquad (8.15)$$

Sie soll stets wesentlich kleiner als die thermische Zeitkonstante sein. Zur Kennzeichnung des Belastungsspieles wird die *relative Einschaltdauer* angegeben:

$$ED = \frac{t_b}{t_b + t_p} \qquad\qquad\qquad (8.16)$$

Aussetzbetrieb mit Einfluss des Anlaufvorganges, Betriebsart S 4

Ein Betrieb, der sich aus einer Folge gleichartiger Spiele zusammensetzt, von denen jedes eine merkliche Anlaufzeit, eine Zeit mit konstanter Belastung und eine Pause umfasst (Beispiel: Kranantrieb mit Kurzschlussläufermotor und mechanischer Bremsung).

Aussetzbetrieb mit elektrischer Bremsung, Betriebsart S 5

Ein Betrieb, der sich aus einer Folge gleichartiger Spiele zusammensetzt, von denen jedes eine Anlaufzeit, eine Zeit mit konstanter Belastung, eine Zeit schneller elektrischer Bremsung und eine Pause umfasst (Beispiel: Kranantrieb mit Kurzschlussläufermotor und Gegenstrombremsung).

Tabelle 8.2 Betriebsarten (DIN VDE 0530 Teil1)

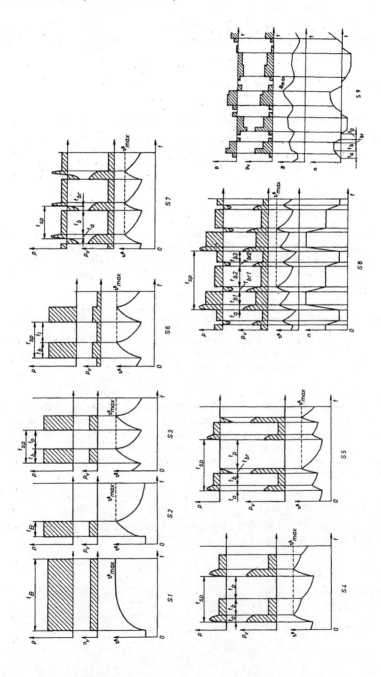

Ununterbrochener periodischer Betrieb mit Aussetzbelastung, Betriebsart S 6

Ein Betrieb, der sich aus einer Folge gleichartiger Spiele zusammensetzt, von denen jedes eine
Zeit mit konstanter Belastung und eine Leerlaufzeit umfasst. Es tritt keine Pause auf (Beispiel:
Pressenantrieb).

Es gilt $t_b < 3\,T \; ; t_l < 3\,T$

Ununterbrochener periodischer Betrieb mit elektrischer Bremsung, Betriebsart S 7

Ein Betrieb, der sich aus einer Folge gleichartiger Spiele zusammensetzt, von denen jedes eine
Anlaufzeit, eine Zeit mit konstanter Belastung und eine Zeit mit elektrischer Bremsung umfasst. Es tritt keine Pause auf (Beispiele: Stellmotor mit Zweipunktregelung, Gewindeschneid-
maschine).

Ununterbrochener periodischer Betrieb mit Drehzahländerung, Betriebsart S 8

Ein Betrieb, der sich aus einer Folge gleichartiger Spiele zusammensetzt, jedes dieser Spiele
umfasst eine Zeit mit konstanter Belastung und bestimmter Drehzahl und anschließend eine
oder mehrere Zeiten mit anderer Belastung entsprechend den unterschiedlichen Drehzahlen.
(Dies wird beispielsweise durch Polumschaltung von Induktionsmotoren erreicht.) Es tritt
keine Pause auf.

Ununterbrochener Betrieb mit nichtperiodischer Last- und Drehzahländerung, Betriebsart S 9

Ein Betrieb, bei dem sich im allgemeinen Belastung und Drehzahl innerhalb des zulässigen
Betriebsbereiches nichtperiodisch ändern. Bei diesem Betrieb treten häufig Belastungsspitzen
auf, die weit über der Bemessungsleistung liegen können.

Diesen Betriebsarten stehen fünf *Klassen von Bemessungsbetrieben* gegenüber. Der Bemessungsbetrieb ist durch die Gesamtheit aller elektrischen und mechanischen Größen in seiner
Dauer und zeitliche Folge gekennzeichnet, wie sie für die Maschine vom *Hersteller* festgelegt
und auf dem Leistungsschild angegeben sind. Die Maschine erfüllt dabei die vereinbarten Bedingungen. Bei der Festlegung des Bemessungsbetriebes kann der Hersteller zwischen folgenden Klassen wählen:

Bemessungs-Dauerbetrieb

Vom Hersteller festgelegter Betrieb, nach dem die Maschine unbegrenzte Zeit betrieben werden kann. Die Kennzeichnung erfolgt mit S 1 oder DB.

Bemessungs-Kurzzeitbetrieb

Die Kennzeichnung erfolgt mit S 2 und Angabe der Betriebszeit. Vorzugsweise werden folgende Betriebszeiten empfohlen:

$t_{Bn} = 10; \; 30; \; 60; \; 90$ min.

Gleichwertiger Dauerbetrieb

Dieser Betrieb wird vom Hersteller zu Prüfzwecken festgelegt und muss gleichwertig mit einer der periodischen Betriebsarten S 3 bis S 8 oder mit der Betriebsart S9 sein. Die Kennzeichnung erfolgt beispielsweise mit S 3 äqu.

Bemessungsbetrieb für periodisch veränderliche Belastung

Der Bemessungsbetrieb muss einer der periodischen Betriebsarten S 3 bis S8 entsprechen. Als Spieldauer gilt t_{sp} = 10 min, wenn nichts Anderes vereinbart ist. Als genormte Einschaltdauern stehen zur Verfügung:

$$ED_n = 15\ \%;\quad 25\ \%;\quad 40\ \%;\quad 60\ \%.$$

Bemessungsbetrieb für nichtperiodisch veränderliche Belastungen

Diese Klasse des Bemessungsbetriebes muss der Betriebsart S 9 entsprechen.

Da die realen Belastungen in viele Fällen nicht mit den Betriebsarten der zur Verfügung stehenden Motoren übereinstimmen, wird es erforderlich werden, die tatsächliche Belastung auf eine genormte Betriebsart umzurechnen. Die Umrechnung der Belastung in eine entsprechende Ersatzbelastung muss so erfolgen, dass die thermische Beanspruchung des Motors gleich bleibt. Da das Lastspiel der Arbeitsmaschine im Allgemeinen nur ungenau bekannt ist, kann die Umrechnung unter gewissen Vereinfachungen vorgenommen werden, was im Abschnitt 8.3 erläutert werden soll.

Zur Selbstkontrolle

-       Charakterisieren Sie die Betriebsarten Dauerbetrieb, Kurzzeitbetrieb, Aussetzbetrieb!

-       Erläutern Sie die Begriffe *Betriebsart* und *Bemessungsbetrieb*!

8.3   Bestimmung der Motorbemessungsleistung

In diesem Abschnitt werden zunächst nur Belastungsfälle betrachtet, bei denen Anlauf- und Bremsvorgänge keinen Einfluss auf die Motortemperatur haben. Es handelt sich also um stationäre und quasistationäre Belastungen. Betriebsarten, bei denen nichtstationäre Vorgänge wie Anlauf, Bremsen und Drehrichtungsumkehr wesentlichen Einfluss auf die Motorerwärmung haben, werden in einem späteren Abschnitt behandelt.

8.3.1 Ermittlung der Bemessungsleistung von Motoren der Betriebsart S1

Motoren dieser Betriebsart können bei entsprechender Dimensionierung auch für Betriebsarten eingesetzt werden, die von S1 abweichen. Im Folgenden werden einige wichtige Belastungsfälle behandelt.

8.3.1.1 Zeitlich konstante Belastung

Für diesen einfachsten Belastungsfall sind die zeitlichen Verläufe der wichtigsten Größen nochmals im Bild 8.4 dargestellt.

Das konstante Belastungsmoment ruft im Motor eine konstante Verlustleistung und damit eine zeitlich konstante Wärmeenergiezufuhr hervor. Die Motortemperatur verläuft deshalb entsprechend den Ausführungen im Abschnitt 8.2 nach einer e-Funktion. Die Höhe der stationären Endtemperatur ist der Verlustleistung direkt proportional. Der Motor ist also dann thermisch richtig ausgelegt, wenn die Verlustleistung gerade die auf Grund der Isolierstoffklasse zulässige Endtemperatur bewirkt.

Ein Motor der Betriebsart S1 kann die auf dem Leistungsschild angegebene Leistung P_n beliebig lang abgeben, d.h., die Motorleistung muss so groß gewählt werden, dass sie der erforderlichen Leistung der Arbeitsmaschine entspricht. Da die Bemessungsleistungen elektrischer Maschinen nach bestimmten *Leistungsreihen* gestaffelt sind, ist es unter Umständen notwendig, die nächst größere Motorleistung zu wählen. Als Bemessungsgrundlage dient Gleichung (8.17):

$$P_n = M_A \cdot \Omega_n \tag{8.17}$$

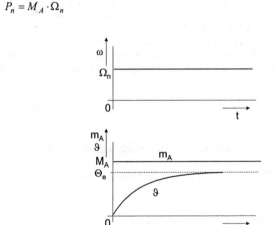

Bild 8.4 Zeitlich konstante Belastung

8.3.1.2 Periodisch wechselnde Belastung

Die zeitlichen Verläufe der wesentlichen Größen zeigt Bild 8.5. Da die Verlustleistung durch den Verlauf der Belastung, d.h. durch das Drehmoment M_A (Widerstandsmoment) der Arbeitsmaschine bestimmt wird, ist auch der Temperaturverlauf von der Drehmoment-Zeit-Funktion abhängig und keine einfache e-Funktion mehr. Um übersichtliche Verhältnisse zu wahren, wird angenommen, dass die Periodendauer bzw. Spieldauer sehr klein gegenüber der thermischen Zeitkonstanten des Motors ist ($t_{sp} < 10$ min, vgl. Abschnitt 8.2).

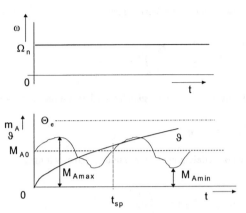

Bild 8.5 Periodisch wechselnde Belastung

Unter diesen Voraussetzungen sind die Abweichungen des Temperaturverlaufes von der einfachen e-Funktion (Gleichung (8.10)) gering. Damit ist es zulässig, diese Funktion als mittleren Temperaturverlauf zugrunde zu legen. Die gesamte Betriebszeit des Motors ist aber so groß, dass sich nach einer endlichen Anzahl von Spielen eine Beharrungstemperatur einstellt. Außerdem ist bei Motoren mit Nebenschlussverhalten die Drehzahl nur in geringem Maße von der Belastung abhängig, so dass die Drehzahl als konstant angesehen werden kann.

Bei der Bestimmung der Motorbemessungsleistung besteht nun die Aufgabe darin, die zeitlich veränderliche Belastung $m_A = f(t)$ in eine zeitlich konstante Ersatzlast M_{Aeff} (Effektivmoment) derart umzurechnen, dass in der Maschine die gleiche mittlere Verlustleistung und damit die gleiche Erwärmung wie bei der tatsächlichen Belastung entsteht.

Gemäß Gleichung (8.4) gilt:

$$p_v = P_{v0} + k \cdot i^2$$

Bei Motoren mit Nebenschlussverhalten besteht aber ein linearer Zusammenhang zwischen Motormoment und -strom

$$m = k_1 \cdot \Phi \cdot i \qquad (8.18)$$

wobei Φ der magnetische Fluss ist. Bei Nebenschlussmotoren ist der Fluss Φ konstant. Außerdem ist infolge der als konstant angenommenen Drehzahl $m = m_A$.

Damit wird aber aus Gleichung (8.4)

$$p_v = P_{v0} + k \cdot i^2 = P_{v0} + k_2 \cdot m_A^2 \qquad (8.19)$$

Der zeitliche Mittelwert der Verlustleistung ist

$$P_{vm} = \frac{1}{t_{sp}} \int\limits_0^{t_{sp}} p_v dt = P_{v0} + \frac{k_2}{t_{sp}} \int\limits_0^{t_{sp}} m_A^2 dt \tag{8.20}$$

Die konstante Ersatzlast muss nun die gleiche mittlere Verlustleistung hervorrufen:

$$P_{vm} = P_{v0} + k_2 \cdot M_{Aeff}^2 \tag{8.21}$$

Durch Gleichsetzen der Gleichungen (8.21) und (8.20) erhält man

$$P_{v0} + k_2 \cdot M_{Aeff}^2 = P_{v0} + \frac{k_2}{t_{sp}} \int\limits_0^{t_{sp}} m_A^2 dt \tag{8.21a}$$

oder, aufgelöst nach M_{Aeff},

$$M_{Aeff} = \sqrt{\frac{1}{t_{sp}} \int\limits_0^{t_{sp}} m_A^2 dt} \tag{8.22}$$

Die zeitlich konstante Ersatzlast ist also der quadratische Mittelwert (Effektivwert) der Zeit-funktion $m_A(t)$. Die Bemessungsleistung eines Motors der Betriebsart S1 ist

$$P_n \geq M_{Aeff} \cdot \Omega_n \tag{8.23}$$

Damit ist der Motor thermisch dimensioniert. Es ist jetzt noch die Kontrolle der Überlastung erforderlich, um festzustellen, ob der gewählte Motor überhaupt in der Lage ist, das maximale Moment der Arbeitsmaschine aufzubringen.

$$\ddot{u} = \frac{M_{Amax}}{M_n} \leq \frac{M_{max}}{M_n} \tag{8.24}$$

Bei Asynchronmotoren soll $M_{max} \approx 0{,}8\, M_{kipp}$ gewählt werden.

Zur Übung

8.2   Gegeben ist der im Bild 8.6 dargestellte Momentenverlauf.

        a) Welche Betriebsart liegt vor ($t_{sp} < 10$ min)?

        b) Wie groß ist das Effektivmoment?

        c) Wie groß muss das Kippmoment eines Asynchronmotors gewählt werden?

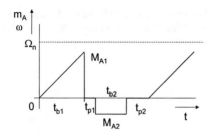

Bild 8.6
Belastungsspiel

8.3.1.3 Aussetzbetrieb

Bild 8.7 zeigt den zeitlichen Verlauf von Drehmoment, Winkelgeschwindigkeit und Temperatur für diese Belastungsart. Ein Vergleich mit den in Tafel 8.2 angegebenen Verläufen von p_v, ω und ϑ lässt erkennen, dass für den im Bild 8.7 dargestellten Belastungsfall Motoren der Betriebsart S3 eingesetzt werden können (vgl. Abschnitt 8.3.2). Voraussetzung dafür ist eine Spieldauer $t_{sp} \leq 10$ min. Andererseits kann man das im Bild 8.7 gezeigte Belastungsspiel mit gewissen Einschränkungen aber auch als eine periodisch wechselnde Belastung auffassen, die sich auf eine zeitlich konstante Ersatzlast umrechnen lässt. Unter diesem Aspekt können also auch Motoren der Betriebsart S1 verwendet werden.

Der wesentliche Unterschied zu den im Abschnitt 8.3.1.2 untersuchten Verhältnissen besteht darin, dass der Motor in den Pausenzeiten ausgeschaltet wird. Infolge des Stillstandes des Läufers ändern sich besonders bei selbstbelüfteten Maschinen die Belüftungsverhältnisse, und der Abkühlungsvorgang wird durch die thermische Zeitkonstante bei Stillstand T_{st} bestimmt. Der Erwärmungsvorgang dagegen verläuft mit der thermischen Zeitkonstante T (siehe Bild 8.8). Damit besteht die Notwendigkeit, den Abkühlungsvorgang während der Stillstandsintervalle so umzurechnen, als ob auch während dieser Zeiten die Zeitkonstante T wirken würde.

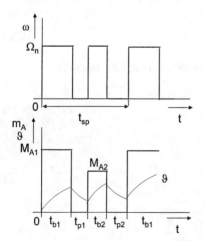

Bild 8.7
Aussetzbetrieb

Selbstverständlich ist es dann nicht möglich, den Temperaturverlauf während der Pausenzeiten zu jedem beliebigen Zeitpunkt richtig wiederzugeben. Wesentlich ist aber der richtige Wert der Temperatur zu Beginn und am Ende jedes Pausenintervalls t_p.

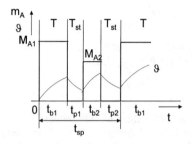

Bild 8.8
Erwärmungsvorgang bei Aussetzbetrieb

Im Bild 8.9 ist der Temperaturverlauf während der Pausenzeit dargestellt, der sich physikalisch real mit der Zeitkonstanten T_{st} ergibt. Zu Beginn der Pause entspricht die Übertemperatur dem Wert Θ_0, am Ende dem Wert Θ_1. Zusätzlich ist im Bild 8.9 der gedachte Temperaturverlauf mit der Zeitkonstanten T eingetragen. Man sieht, dass bei diesem Abkühlungsvorgang die Temperatur bereits nach der Zeit t_p' erreicht wird. Daraus folgt aber, dass bei einer Umrechnung des Belastungsspieles auf einen äquivalenten Dauerbetrieb, bei dem nur die Zeitkonstante T auftritt, die Pausenzeiten nicht voll eingesetzt werden dürfen. Der gedachte Abkühlungsvorgang im Bild 8.9 wird durch folgende Gleichung beschrieben:

$$\vartheta = \Theta_0 \cdot e^{-\frac{t}{T}} \tag{8.25}$$

Für den realen Abkühlungsvorgang gilt

$$\vartheta = \Theta_0 \cdot e^{-\frac{t}{T_{st}}} \tag{8.26}$$

Für $\vartheta = \Theta_1$ ergibt sich durch Gleichsetzen der beiden Gleichungen (8.25) und (8.26)

$$e^{-\frac{t_p}{T_{st}}} = e^{-\frac{t_p'}{T}} \tag{8.27}$$

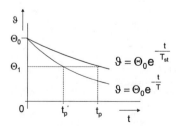

Bild 8.9
Bestimmung der reduzierten Pausenzeit

Daraus liest man für die *reduzierte Pausenzeit* ab:

$$t'_p = t_p \frac{T}{T_{st}} \tag{8.28}$$

Demzufolge ist die reduzierte Spielzeit

$$t'_{sp} = \sum_{i=1}^{m} t_{bi} + \sum_{i=1}^{n} t'_{pi} \tag{8.29}$$

Als zeitlich konstante Ersatzlast kann nun das Effektivmoment, bezogen auf die reduzierte Spielzeit, berechnet werden:

$$M_{Aeff} = \sqrt{\frac{1}{t'_{sp}} \int_{0}^{t'_{sp}} m_A^2 dt} \tag{8.30}$$

Die Bemessungsleistung eines Dauerbetriebsmotors muss damit sein:

$$P_n \geq M_{Aeff} \cdot \Omega_n \tag{8.31}$$

Schließlich ist noch die Überlastung zu kontrollieren:

$$\ddot{u} = \frac{M_{Amax}}{M_n} \leq \ddot{u}_{zul} \tag{8.32}$$

Es zeigt sich bei dieser Belastungsart in den meisten Fällen, dass ein entsprechend den Gleichungen (8.30) und (8.31) thermisch richtig bemessener Motor die Bedingung (8.32) nicht erfüllt, d.h., der Motor müsste im Hinblick auf das maximale Moment größer gewählt werden, als es thermisch erforderlich ist. Deshalb werden Motoren der Betriebsart S1 vor allem dann für Aussetzbetrieb eingesetzt, wenn die tatsächliche Einschaltdauer ED_t

$$ED_t = \frac{\sum t_{bi}}{t_{sp}} \tag{8.33}$$

größer als 60 % ist.

Zur Selbstkontrolle

-       Begründen Sie, weshalb zur thermischen Dimensionierung eines Elektromotors (Nebenschlussverhalten) der quadratische Mittelwert (Effektivwert) zugrunde gelegt wird!

Zur Übung

8.3   Rechnen Sie das im Bild 8.10 dargestellte Belastungsspiel auf eine zeitlich konstante Ersatzlast um! Es gelten folgende Werte:

$M_{A1} = 50 \text{ Nm}$ $t_{b1} = 60 \text{ s}$ $t_{p1} = 60 \text{ s}$ $T/T_{st} = 0{,}6$

$M_{A2} = 35 \text{ Nm}$ $t_{b2} = 115 \text{ s}$ $t_{p2} = 70 \text{ s}$

$M_{A3} = 82 \text{ Nm}$ $t_{b3} = 55 \text{ s}$ $t_{p3} = 100 \text{ s}$

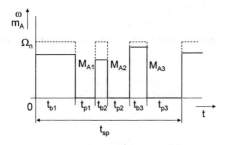

Bild 8.10
Belastungsspiel

8.3.1.4   Kurzzeitbetrieb

Bei Kurzzeitbetrieb wird der Motor nur eine begrenzte Betriebszeit t_B eingeschaltet. Der thermische Beharrungszustand wird nicht erreicht, und in der anschließenden Pause kühlt sich der Motor auf die Umgebungstemperatur bzw. auf die Temperatur des Kühlmittels ab. Der zeitliche Verlauf der wichtigsten Größen bei dieser Belastungsart ist im Bild 8.11 gezeigt.

In Bezug auf die Betriebsart können zwei Motorkategorien gewählt werden:

-       Motoren für Kurzzeitbetrieb (Betriebsart S 2) (vgl. Abschnitt 8.3.3),

-       Motoren für Dauerbetrieb (Betriebsart S1).

Belastet man einen *Dauerbetriebsmotor* nur kurzzeitig mit seiner Bemessungsleistung, so wird sich der im Bild 8.11 mit ϑ_n bezeichnete Temperaturverlauf

$$\vartheta_n = \Theta_{en}\left(1 - e^{-\frac{t}{T}}\right)$$

(8.34)

ergeben.

Es wird aber nach Ablauf der Zeit t_B eine Temperatur erreicht, die geringer als die zulässige Endtemperatur Θ_{en} ist. Der Motor wird also während der kurzen Betriebszeit t_B thermisch nicht ausgelastet. Die Belastung des Motors kann offenbar wesentlich höher gewählt werden als es der Bemessungsleistung entspricht. Richtig dimensioniert ist der Motor dann, wenn sich zum Zeitpunkt t_B gerade die Übertemperatur Θ_{en} einstellt.

Der Erwärmungsvorgang der kurzzeitig höher belasteten Maschine verläuft dann nach folgender Beziehung:

$$\vartheta_k = \Theta_{ek}\left(1 - e^{-\frac{t}{T}}\right) \qquad (8.35)$$

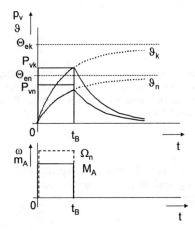

Bild 8.11
Kurzzeitbetrieb

Die stationären Endtemperaturen hängen von der jeweiligen Verlustleistung ab:

$$\Theta_{en} = \frac{P_{vn}}{A} \qquad (8.36)$$

$$\Theta_{ek} = \frac{P_v}{A} \qquad (8.37)$$

P_{vn} sind die Verluste, die bei Betrieb mit der Bemessungsleistung entstehen, und P_{vk} sind die Verluste, die bei einer entsprechend höheren Kurzzeitbelastung entstehen.

Für den Zeitpunkt $t = t_B$ erhält man aus Gleichung (8.35)

$$\Theta_{en} = \Theta_{ek}\left(1 - e^{-\frac{t_B}{T}}\right) \qquad (8.38)$$

Es muss gewährleistet sein, dass der Motor zu diesem Zeitpunkt abgeschaltet wird, um eine unzulässige Erwärmung zu vermeiden.

Definiert man als *Verlustvergrößerungsfaktor*

$$q = \frac{P_{vk}}{P_{vn}} \tag{8.39}$$

so kann man aus den Gleichungen (8.38), (8.37) und (8.36) berechnen

$$q = \frac{1}{1 - e^{-\frac{t_B}{T}}} \tag{8.40}$$

q gibt also die mögliche Erhöhung der *Verlustleistung* bei kurzen Betriebszeit t_B gegenüber Dauerbetrieb an. Die dieser vergrößerten Verlustleistung entsprechende mechanische Leistung soll aus einer Verlustbetrachtung ermittelt werden. Die Bemessungsverlustleistung P_{vn} ergibt sich aus der Bemessungsleistung P_n des Dauerbetriebsmotors:

$$P_{vn} = k_1 P_n + k_2 P_n \tag{8.41}$$

wobei $k_1 P_n$ die Leerlaufverluste und $k_2 P_n$ die Lastverluste darstellen. Die Leerlaufverluste sind in erster Näherung von der Belastung unabhängig; deshalb ruft die höhere mechanische Leistung P_k nur eine Vergrößerung der Lastverluste hervor:

$$P_{vk} = k_1 P_n + k_2 P_n \left(\frac{P_k}{P_n} \right)^2 \tag{8.42}$$

Für die Lastverluste gilt bekanntlich $P_{vL} \sim I^2$. Bei Maschinen mit Nebenschlussverhalten ist aber auch $I \sim M$, wie bereits im Abschnitt 8.3.1.2 angegeben wurde. Wegen $\Omega \approx konst.$ gilt aber auch $P \sim M$, so dass die Lastverluste bei diesen Maschinen dem Quadrat der mechanischen Leistung P proportional sind.

Teilt man jetzt Gleichung (8.42) durch Gleichung (8.41), so wird

$$q = \frac{P_{vk}}{P_n} = \frac{k_1 P_n + k_2 P_n \left(\frac{P_k}{P_n} \right)^2}{k_1 P_n + k_2 P_n} \tag{8.43}$$

Diese Beziehung kann man nach der erforderlichen Leistung P_n des Dauerbetriebsmotors bei gegebener kurzzeitiger Leistung P_k auflösen:

$$P_n = \frac{P_k}{\sqrt{q \left(1 + \frac{k_1}{k_2} \right) - \frac{k_1}{k_2}}} \tag{8.44}$$

Für das sogenannte Verlustverhältnis des Motors gelten folgende Richtwerte:

$k_1/k_2 = 0,5 \ldots 2.$

Das Verlustverhältnis ist den Katalogdaten zu entnehmen, bzw. beim Hersteller zu erfragen.

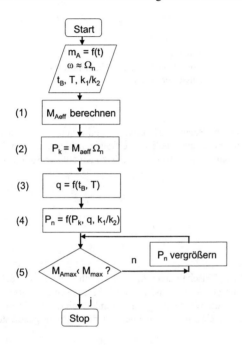

Der gesamte Berechnungsgang ist nochmals in einem Programmablaufplan (Bild 8.12) zusammengefasst.

Schwierigkeiten hinsichtlich der Überlastung ergeben sich, wenn $P_k > 2\,P_n$ wird. Ein Dauerbetriebsmotor kann dann thermisch nicht mehr ausgelastet werden. Die Bemessung erfolgt nur nach dem maximalen Moment der Arbeitsmaschine. Zweckmäßiger werden für diesen Fall Kurzzeitbetriebsmotoren (Betriebsart S2) eingesetzt.

Bild 8.12
Programmablaufplan zur Dimensionierung eines Dauerbetriebsmotors bei Kurzzeitbelastung

Zur Übung

8.4   Ein Drehstromasynchronmotor mit $N_n = 1435$ min^{-1} wird 65 Minuten mit 240 Nm belastet. Die thermische Zeitkonstante vergleichbarer Motoren ist $T = 50$ min, das Verlustverhältnis $k_1/k_2 = 0,65$. Wie groß ist die Bemessungsleistung eines Dauerbetriebsmotors (Betriebsart S1) zu wählen?

8.3.2 Ermittlung der Bemessungsleistung von Motoren der Betriebsart S3

Motoren der Betriebsart S3 werden für vier genormte Einschaltdauern angeboten (15 %, 25 %, 40 %, 60 % - s.a. Abschnitt 8.2.3). Berechnet man nach Gleichung (8.33) die tatsächliche Einschaltdauer eines vorgegebenen Lastspieles, so wird diese im Allgemeinen nicht mit einem dieser vier genormten Werte für die Einschaltdauer übereinstimmen. Es ist deshalb notwendig, den vorgegebenen Belastungsfall (siehe Beispiel Bild 8.8) auf eine genormte Einschaltdauer umzurechnen. Dabei geht man so vor, dass das Belastungsspiel entsprechend Bild 8.13 umgeformt wird.

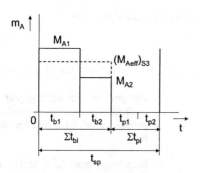

Bild 8.13
Ermittlung des Effektivmomentes bei
Aussetzbelastung

Es wird angenommen, dass zunächst sämtliche Belastungsintervalle t_{bi} unmittelbar aufeinander folgen und sich dann sämtliche Pausenzeiten t_{pi} anschließen. Die Spielzeit bleibt unverändert erhalten. Jetzt kann man eine zeitlich konstante Ersatzlast $(M_{Aeff})_{S3}$, bezogen auf die Summe der Belastungszeiten $\sum t_{bi}$ bestimmen:

$$\left(M_{Aeff}\right)_{S3} = \sqrt{\frac{1}{\sum t_{bi}} \int_{0}^{\sum t_{bi}} m_A^2 \, dt}$$ (8.45)

Zu dieser Ersatzlast gehört die tatsächliche Einschaltdauer ED_t , die nach Gleichung (8.33) berechnet wird. Die Umrechnung auf eine genormte Einschaltdauer ED_n geschieht unter der Voraussetzung, dass die gesamte entstehende Wärmemenge unverändert bleibt, unabhängig davon, ob der Motor mit der tatsächlichen Belastungszeit t_b oder mit der fiktiven genormten Belastungszeit t_{bn} betrieben wird:

$$P_{vo}t_b + k\left(M_{Aeff}\right)_{S3}^2 t_b = P_{v0}t_b + k\left(M_{Aeff}\right)_{S3n}^2 t_{bn}$$ (8.46)

$(M_{Aeff})_{S3n}$ ist die Ersatzlast bei genormter Belastungszeit, die die gleiche Erwärmung wie die Ersatzlast bei der tatsächlichen Belastungszeit hervorruft. Teilt man Gleichung (8.46) durch die Spielzeit t_{sp} , so wird

$$P_{vo}ED_t + k\left(M_{Aeff}\right)_{S3}^2 ED_t = P_{v0}ED_n + k\left(M_{Aeff}\right)_{S3n}^2 ED_n$$ (8.47)

Zur weiteren Vereinfachung sollen die Wärmeenergieanteile, die die Leerlaufverluste liefern, als etwa gleich angenommen werden:

$$P_{v0}ED_t \approx P_{v0}ED_n$$ (8.48)

Dann kann man aus Gleichung (8.47) berechnen:

$$\left(M_{Aeff}\right)_{S3n} = \left(M_{Aeff}\right)_{S3}\sqrt{\frac{ED_t}{ED_n}} \tag{8.49}$$

Hinsichtlich der Wahl der genormten Einschaltdauer ist zu beachten, dass auf Grund der durch Gleichung (8.48) getroffenen Näherung stets die genormte Einschaltdauer gewählt wird, die der tatsächlichen möglichst nahe kommt. Die Bemessungsleistung eines Motors der Betriebsart S3 ist damit

$$P_n \geq \left(M_{Aeff}\right)_{S3n} \cdot \Omega_n \tag{8.50}$$

Anschließend muss auch hier wieder die Überlastung gemäß Gleichung (8.24) kontrolliert werden.

Zur Übung

8.5   Für das im Bild 8.8 dargestellte Lastspiel gelten folgende Werte:

M_{A1} = 1150 Nm t_{b1} = 30 s t_{p1} =   60 s

M_{a2} =   375 Nm t_{b2} = 40 s t_{p2} = 100 s

Berechnen Sie für diese Belastung eine Ersatzlast bei einer genormten Einschaltdauer!

8.3.3   Ermittlung der Bemessungsleistung von Motoren der Betriebsart S 2

Auch hier ist es erforderlich, die vorliegenden tatsächlichen Belastungsverhältnisse auf eine der genormten Betriebszeiten t_{Bn} umzurechnen. Falls während der Betriebszeit t_B eine zeitlich veränderliche Belastung (Bild 8.14) vorliegt, muss diese zunächst ähnlich wie im Abschnitt 8.3.2 auf eine zeitlich konstante Ersatzbelastung umgerechnet werden:

$$\left(M_{Aeff}\right)_{S2} = \sqrt{\frac{1}{t_B}\int_0^{t_B} m_A^2 dt} \tag{8.51}$$

Danach kann diese während t_B konstante Belastung auf Grund der gleichen Überlegungen wie im Abschnitt 8.3.2 auf eine genormte Betriebszeit t_{Bn} umgerechnet werden. Die durch die Verluste entstehende Wärmeenergie muss gleich bleiben, d.h., analog zu Gleichung (8.47) kann man schreiben

$$P_{v0}t_B + k\left(M_{Aeff}\right)_{S2}^2 t_B = P_{v0}t_{Bn} + k\left(M_{Aeff}\right)_{S2n}^2 t_{Bn} \tag{8.52}$$

Mit der Vereinfachung, dass

$$P_{v0}t_B \approx P_{v0}t_{Bn} \tag{8.53}$$

erhält man

$$\left(M_{Aeff}\right)_{S2n} = \left(M_{Aeff}\right)_{S2}\sqrt{\frac{t_B}{t_{Bn}}} \tag{8.54}$$

Außerdem ist auch hier gemäß Gleichung (8.24) die Überlastung zu kontrollieren.

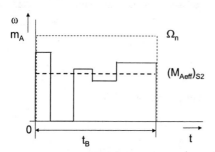

Bild 8.14
Kurzzeitbetrieb mit veränderlicher
Belastung

8.3.4 Zusammenfassung

Während bei der Auswahl der Motorart eine Reihe technischer, technologischer und wirtschaftlicher Gesichtspunkte zu berücksichtigen ist, wird die Bemessungsleistung des Motors durch die thermische Beanspruchung und das maximale Drehmoment festgelegt. Hinsichtlich der Betriebsart stehen 9 Kategorien zur Verfügung. Es kommt darauf an, die jeweils vorliegende Betriebsart dem entsprechenden Bemessungsbetrieb anzupassen. Wesentlich ist dabei immer die thermische Auslegung, die darauf beruht, dass die Lastverluste quadratisch vom Strom und bei Motoren mit Nebenschlussverhalten damit auch quadratisch vom Drehmoment abhängen. Auf Grund dieser Zusammenhänge ergibt sich als zeitlich konstante Ersatzlast der quadratische Mittelwert (Effektivwert) der zeitlich veränderlichen Belastung. Bei allen Umrechnungen muss beachtet werden, dass die im Motor entstehende Wärmemenge, die für die sich einstellende Temperatur entscheidend ist, richtig wiedergegeben wird.

Im Anschluss an die thermische Dimensionierung ist stets noch die Überlastung, d.h. das Verhältnis von Maximalmoment zu Bemessungsmoment, zu kontrollieren. Alle behandelten Berechnungsverfahren beziehen sich auf Betriebsarten, bei denen die Erwärmung im nichtstationären Betrieb nur eine unwesentliche Rolle spielt.

8.4 Motorbemessung bei nichtstationären Belastungen

8.4.1 Periodische Belastung

Im Gegensatz zu den Ausführungen im Abschnitt 8.3.1.2 soll jetzt angenommen werden, dass die Belastungsschwankungen sehr groß sind und demzufolge die Drehzahl des Antriebssystems nicht mehr als konstant vorausgesetzt werden kann. Damit entspricht aber der zeitliche Verlauf des Motormomentes nicht mehr dem des Widerstandsmomentes der Arbeitsmaschine, denn Drehzahländerungen haben stets eine Änderung des Energieinhaltes der bewegten Massen zur Folge. Um die Zeitfunktion des Motormomentes zu ermitteln, geht man wieder von der Bewegungsgleichung aus:

$$m = m_A + J \cdot \frac{d\omega}{dt} \qquad (8.55)$$

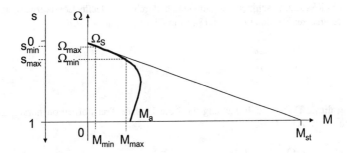

Bild 8.15 Annäherung der Motorkennlinie durch eine Gerade

Der Motor soll jetzt als ein lineares Übertragungsglied mit der Eingangsgröße m_A und der Ausgangsgröße m aufgefasst werden. Unter den folgenden Voraussetzungen

-        elektrische Ausgleichsvorgänge werden vernachlässigt, d.h. es gilt die stationäre Ω-M-Kennlinie,

-        die Ω-M-Kennlinie kann durch eine Gerade angenähert werden (Bild 8.15),

soll sowohl für Gleichstrom- als auch für Asynchronmaschinen angesetzt werden

$$s = \frac{\Omega_S - \omega}{\Omega_S} \qquad (8.56)$$

für $\omega = f(t)$.

Damit gilt im linearen Teil der Drehzahl-Drehmoment-Kennlinie

$$m = M_{st} \cdot s = M_{st} \cdot \frac{\Omega_S - \omega}{\Omega_S}$$
(8.57)

Die erste Ableitung liefert

$$\frac{dm}{dt} = -\frac{M_{st}}{\Omega_S} \cdot \frac{d\omega}{dt} = M_{st} \frac{ds}{dt}$$
(8.58)

Aus Gleichung (8.58) kann man nun die erste Ableitung der Winkelgeschwindigkeit, die zur Bestimmung des dynamischen Momentes benötigt wird, berechnen:

$$\frac{d\omega}{dt} = -\frac{\Omega_S}{M_{st}} \cdot \frac{dm}{dt}$$
(8.59)

wobei für Gleichstrommaschinen Ω_S sinngemäß durch die ideelle Leerlaufwinkelgeschwindigkeit Ω_0 zu ersetzen ist. Setzt man Gl. (8.59) in Gl. (8.55) ein, so wird

$$m = m_A - \frac{J \cdot \Omega_S}{M_{st}} \cdot \frac{dm}{dt}$$
(8.60)

Zur Lösung dieser Differenzialgleichung wird die Laplace-Transformation herangezogen. Im Bildbereich wird aus Gl. (8.60)

$$m(p)(1 + \frac{J \cdot \Omega_S}{M_{st}} \cdot p) - \frac{J \cdot \Omega_S}{M_{st}} \cdot M_0 = m_A(p)$$
(8.61)

Mit der mechanischen Zeitkonstanten

$$T_M = \frac{J \cdot \Omega_S}{M_{st}}$$
(8.62)

ergibt sich die allgemeine Lösung

$$m = \frac{m_A}{1 + pT_M} + \frac{T_M \cdot M_0}{1 + pT_M}$$
(8.63)

Kann man den Anfangswert des Motormomentes M_0 gleich Null setzen (z.B. bei Betrachtung des Kleinsignalverhaltens), erhält man die Übertragungsfunktion

$$\frac{m}{m_A} = \frac{1}{1 + pT_M}$$
(8.64)

Das Antriebsystem ist ein Verzögerungsglied 1. Ordnung, weil wegen der Vernachlässigung der elektrischen Ausgleichsvorgänge nur ein Energiespeicher (Trägheitsmoment J) wirkt. Entsprechend ergibt sich der Frequenzgang des Systems

$$\frac{m}{m_A} = \frac{1}{1 + j\omega T_M} \qquad (8.65)$$

8.4.1.1 Stetiges Widerstandsmoment

Das Widerstandsmoment ist eine periodische, nichtsinusförmige Funktion (Bild 2.3), die nach Gl. (2.4) in Gleichglied, Grundschwingung und Oberschwingungen zerlegt werden kann. Die Frequenzen der einzelnen Harmonischen sind die Signalfrequenzen der Eingangsgröße m_A. Da es sich hierbei voraussetzungsgemäß um ein lineares System handeln soll, muss auch das Motormoment m als Ausgangsgröße die gleichen Harmonischen wie die Eingangsgröße enthalten, die sich allerdings in Betrag und Phasenwinkel voneinander unterscheiden. Es gilt somit allgemein für die Zeitfunktion des Motormomentes

$$m = M_0 + \sum_{v=1}^{n} \hat{m}_v \sin(v \cdot \omega t + \psi_v) \qquad (8.66)$$

mit $\qquad \omega = \dfrac{2\pi}{T} \qquad\qquad\qquad\qquad (8.67)$

entsprechend Bild 2.3.

Aus dem Frequenzgang lassen sich Betrag und Phase der einzelnen Harmonischen berechnen:

$$M_0 = M_{A0}$$

$$\hat{m}_v = \hat{m}_{Av} \frac{1}{\sqrt{1 + (v\omega T_M)^2}} \qquad (8.68)$$

$$\psi_v - \varphi_v = -\arctan v\omega T_M \qquad\qquad v = 1, 2, 3, \dots$$

Die Überlagerung der einzelnen Harmonischen erfolgt nach den Superpositionssatz. Das Trägheitsmoment J des Systems und die Neigung der Drehzahl-Drehmoment-Kennlinie, die die Größe des (eventuell fiktiven) Stillstandsmomentes M_{st} festlegt, bestimmen die mechanische Zeitkonstante und damit die Glättung des Motormomentes, was einer Dämpfung der höheren Harmonischen gleichkommt. Zwei Grenzfälle sind möglich:

$$(v\omega T_M)^2 \gg 1 \qquad \Rightarrow \qquad m = M_{A0} \qquad \text{vollständige Glättung,}$$

$$(v\omega T_M)^2 \ll 1 \qquad \Rightarrow \qquad m = m_A(t) \qquad \text{keine Glättung.}$$

8.4.1.2 Unstetiges Widerstandsmoment (Stoßbelastung)

Eine Reihe von Arbeitsmaschinen, wie Kolbenverdichter oder Pressen, stellen für den Motor eine stoßartige Belastung dar, d.h., während eines relativ kurzen Zeitabschnittes des Belastungsspieles wird ein hohes Moment verlangt. Im größten Intervall der Spielzeit tritt nur ein sehr kleines Belastungsmoment auf (Bild 8.16). Für diese periodisch wechselnde Belastung könnte der Motor durch Berechnung des Effektivmoments dimensioniert werden. Ein derart ausgelegter Motor ist aber durch das hohe Maximalmoment überlastet. Bemisst man den Motor dagegen nach dem Maximalmoment, so ist er thermisch nicht ausgelastet, d.h. überdimensioniert, was einen schlechten Wirkungsgrad η und einen schlechten Leistungsfaktor cosφ zur Folge haben würde.

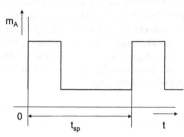

Bild 8.16 Idealisierter Verlauf des Belastungsmomentes bei einem Pressenantrieb

Es kommt also darauf an, den Momentenverlauf an der Motorwelle auszugleichen bzw. zu glätten und damit die Momentspitzen abzubauen. Das gelingt, wenn das Antriebssystem einen Energiespeicher besitzt, der den Energiebedarf der kurzzeitigen Momentspitze decken kann. Als Energiespeicher wird ein Schwungrad verwendet, das auf der Motorwelle oder im Getriebe zwischen Motor und Arbeitsmaschine angebracht ist. Das Schwungrad kann aber nur Energie abgeben, wenn das System eine gewisse Drehzahlabsenkung erfährt. Ein normaler Asynchronmotor ist wegen seiner verhältnismäßig starren Drehzahl-Drehmoment-Kennlinie für Schwungradantriebe wenig geeignet. Vergrößert man aber die Neigung der Kennlinie eines Schleifringläufermotors durch einen zusätzlichen Läuferwiderstand, so kann infolge der größeren Drehzahlschwankung das Schwungrad wirksam werden (Bild 8.15). Die vom Schwungrad abgegebene Energie hängt von der Drehzahl- bzw. Schlupfdifferenz ab:

$$W = \frac{J}{2}(\Omega_{max}^2 - \Omega_{min}^2) \tag{8.69}$$

wenn J das Trägheitsmoment des Schwungrades bzw. des Systems ist.

Führt man die Beziehungen

$$\Omega_{max} = \Omega_S(1 - s_{min}) \tag{8.70}$$

und

$$\Omega_{min} = \Omega_S(1 - s_{max}) \tag{8.71}$$

für den Schlupf ein, so erhält man bei Vernachlässigung der quadratischen Ausdrücke von s:

$$W \approx J \cdot \Omega_S^2 (s_{max} - s_{min})$$ (8.72)

Thermische Dimensionierung des Motors:

Zur thermischen Dimensionierung des Motors eines Schwungradantriebes ist wieder die Kenntnis des zeitlichen Verlaufes des Momentes an der Motorwelle erforderlich. Ausgangspunkt der Berechnung ist auch hier die Bewegungsgleichung Gl. (8.55). Die Motorkennlinie $s = f(M)$ wird durch eine Gerade angenähert (Bild 8.15), deren Abszissenabschnitt das Stillstandsmoment M_{st} darstellt, das bei Asynchronmaschinen physikalisch nicht real ist und nur eine Rechengröße darstellt. Bekanntlich entwickelt ein solcher Motor bei Stillstand ($s = 1$) das wesentlich kleinere Anlaufmoment M_a. Die so angenäherte Kennlinie lässt sich wieder durch Gl. (8.57) beschreiben.

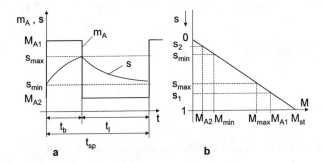

Bild 8.17   Pressenantrieb mit Schwungrad
a) Schlupf und Drehmoment in Abhängigkeit von der Zeit
b) Arbeitspunkte auf der Schlupf-Drehmoment-Kennlinie

Wäre der gesamte Antrieb trägheitsfrei ($J = 0$), würden die Belastungsmomente M_{A1} und M_{A2} am Motor die Schlupfwerte s_1 und s_2 hervorrufen. Schlupf und Motormoment hätten den gleichen Verlauf wie das Moment der Arbeitsmaschine (Bild 8.17). Ein trägheitsbehafteter Antrieb lässt aber keine sprunghaften Drehzahländerungen zu. Es wird sich für den Schlupf der im Bild 8.17a qualitativ dargestellte Zeitverlauf einstellen. Infolge des unstetigen Verlaufes von m_A kann der Schlupf nur abschnittsweise für die beiden Intervalle t_b und t_l (Belastungs- und Leerlaufzeit) berechnet werden. Im Intervall t_b gibt das Schwungrad Energie ab, im Intervall t_l wird es wieder aufgeladen.

Intervall t_b :

Die Gleichungen (8.55) und (8.57) liefern

$$M_{st} \cdot s = m_A + J \frac{d\omega}{dt}$$ (8.73)

Ersetzt man die Winkelgeschwindigkeit durch den Schlupf mit Hilfe der Beziehungen

$$\omega = \Omega_S (1 - s) \tag{8.74}$$

und

$$\frac{d\omega}{dt} = -\Omega_S \cdot \frac{ds}{dt} \tag{8.75}$$

und führt man die mechanische Zeitkonstante des Systems entsprechend Gleichung (8.62) ein, so ergibt sich für das Intervall t_b

$$\frac{M_{A1}}{M_{st}} = s_b + T_M \cdot \frac{ds_b}{dt} \tag{8.76}$$

Die Lösung dieser Differenzialgleichung mit den Randbedingungen $s = s_{min}$ für $t = 0$ lautet:

$$s_b = s_1 + (s_{min} - s_1) \cdot e^{-\frac{t}{T_M}} \tag{8.77}$$

wobei

$$s_1 = \frac{M_{A1}}{M_{st}} \tag{8.78}$$

der Schlupf ist, der sich bei einem Trägheitsmoment $J = 0$ einstellen würde.

Intervall t_l:

Die Randbedingungen sind hier:

$$s = s_{max} \text{ für } t = 0.$$

Die Lösung der für dieses Intervall gültigen Differenzialgleichung

$$\frac{M_{A2}}{M_{st}} = s_l + T_M \frac{ds_l}{dt} \tag{8.79}$$

ist

$$s_l = s_2 + (s_{max} - s_2) \cdot e^{-\frac{t}{T_M}} \tag{8.80}$$

wobei

$$s_2 = \frac{M_{A2}}{M_{st}} \tag{8.81}$$

wieder der Schlupf ist, der sich bei $J = 0$ einstellen würde. Aus den Gleichungen (8.77) und (8.80) kann man die Extremwerte des Schlupfes berechnen:

$$s_{max} = \frac{s_1 \cdot (1 - e^{-\frac{t_b}{T_M}}) + s_2 \cdot (e^{-\frac{t_b}{T_M}} - e^{-\frac{t_{sp}}{T_M}})}{1 - e^{-\frac{t_{sp}}{T_M}}} \qquad (8.82)$$

$$s_{min} = \frac{s_2 \cdot (1 - e^{-\frac{t_l}{T_M}}) + s_1 \cdot (e^{-\frac{t_l}{T_M}} - e^{-\frac{t_{sp}}{T_M}})}{1 - e^{-\frac{t_{sp}}{T_M}}} \qquad (8.83)$$

Zur thermischen Dimensionierung des Motors muss aber die Zeitfunktion des Motormomentes bekannt sein. Da ein linearer Zusammenhang zwischen Schlupf und Motormoment vorausgesetzt wird (Gleichung (8.57)), erhält man aus den Gleichungen (8.77) und (8.80) durch Multiplizieren mit M_{st} sofort die Moment-Zeit-Funktionen für die Intervalle t_b und t_l:

Entladung des Schwungrades

$$m_b = M_{A1} + (M_{min} - M_{A1}) \cdot e^{-\frac{t}{T_M}} \qquad (8.84)$$

Aufladung des Schwungrades

$$m_l = M_{A2} + (M_{max} - M_{A2}) \cdot e^{-\frac{t}{T_M}} \qquad (8.85)$$

Die thermische Dimensionierung kann nun anhand des Effektivmomentes erfolgen:

$$M_{eff} = \sqrt{\frac{1}{t_{sp}} \cdot \left[\int_0^{t_b} m_b^2 dt + \int_0^{t_l} m_l^2 dt \right]} \qquad (8.86)$$

Die erforderliche Bemessungsleistung P_n eines Motors für Dauerbetrieb (S1) ist damit

$$P_n \geq M_{eff} \cdot \Omega_n \qquad (8.87)$$

Die Kontrolle der Überlastung kann hier durch Berechnung des maximalen Schlupfes aus Gleichung (8.82) erfolgen, da durch die Aufgabenstellung in den meisten Fällen ein maximal zulässiger Schlupf vorgegeben wird:

$$s_{max} \leq s_{maxzul} \qquad (8.88)$$

Ablauf der Berechnung:

Die Auslegung eines Motors für Antriebe mit Schwungrad kann anhand des im Bild 8.18 dargestellten Ablaufschemas erfolgen. Da zur Festlegung der mechanischen Zeitkonstante bereits Motordaten benötigt werden, muss zunächst die erforderliche Bemessungsleistung überschlägig bestimmt werden, indem man annimmt, dass das Trägheitsmoment des Schwungrades sehr groß ist ($J \rightarrow \infty$), so ist das am Motor wirkende Moment zeitlich konstant (vollständige Glättung). Unter dieser Voraussetzung kann die überschlägige Bemessungsleistung aus dem *arithmetischen* Mittelwert des Belastungsmomentes berechnet werden. Da ein derartiges Schwungrad aber nicht zu verwirklichen ist, muss noch ein Korrekturfaktor berücksichtigt werden:

$$P_n' \approx 1{,}1 \cdot \frac{M_{A1} \cdot t_b + M_{A2} \cdot t_l}{t_{sp}} \Omega_S \tag{8.89}$$

Ω_S ist wieder die synchrone Winkelgeschwindigkeit des Motors.

Die Neigung der Motorkennlinie wird so festgelegt, dass der maximal zulässige Schlupf entsprechend der Aufgabenstellung beim (1,5 ... 2) fachen Bemessungsmoment erreicht wird.

Außerdem wird näherungsweise gesetzt:

$$s_{min} = \frac{M_{A2}}{M_{st}} \tag{8.90}$$

Das Trägheitsmoment des Schwungrades wird aus Gleichung (8.72) berechnet, wobei für W die vom Schwungrad aufzubringende Energie (z.B. Pressarbeit und Verluste) einzusetzen ist.

Zur Selbstkontrolle

-        Welche Vorteile bieten Schwungradantriebe und wo werden sie eingesetzt?

-        Zeichnen Sie für einen Pressenantrieb die Zeitfunktionen für das Moment der Arbeitsmaschine und für das Motormoment!

Zur Übung

8.6   Berechnen Sie allgemein den Effektivwert des Motormomentes eines Schwungradantriebes!

8.4.2 Reversierbetrieb

8.4.2.1 Verlustenergie im nichtstationären Betrieb

Reversierbetrieb, d.h. Umkehr der Drehrichtung eines Motors, ist ein nichtstationärer Betriebs-zustand, der sich aus einem Brems- und einem Anlaufvorgang zusammensetzt (ununterbroche-ner periodischer Betrieb mit elektrischer Bremsung, Betriebsart S7). Derartige Betriebszustän-de stellen für den Motor eine hohe thermische Beanspruchung dar. Der Motor entnimmt im nichtstationären Betrieb dem Netz nicht nur die Energie zum Antrieb der Arbeitsmaschine (charakterisiert durch das Widerstandsmoment M_A) und einen Energieanteil zur Veränderung des Energieinhaltes der rotierenden Massen, sondern auch Energie zur Deckung der Verluste im Motor. Diese Verluste sind wesentlich größer als im stationären Betrieb, da die Ströme bei nichtstationären Vorgängen ein Mehrfaches des Bemessungsstromes betragen können.

Die nachfolgenden Betrachtungen beschränken sich auf Drehstrom-Asynchronmotoren. Die unter Vernachlässigung der elektrischen Ausgleichsvorgänge abgeleiteten Beziehungen können jedoch sinngemäß auf Gleichstromnebenschlussmotoren bzw. fremderregte Gleichstrommo-toren angewendet werden.

Die im Motor entstehenden Verluste setzen sich aus den Leerlauf- und den Lastverlusten (vgl. Abschnitt 8.2.1) zusammen:

$$p_v = p_{v0} + p_{vL} \qquad (8.91)$$

Die Verlustenergie, die bei einem nichtstationären Vorgang innerhalb des Zeitintervalls t_1 bis t_2 entsteht, ist

$$Q = \int_{t_1}^{t_2} p_v \, dt = \int_{t_1}^{t_2} p_{v0} \, dt + \int_{t_1}^{t_2} p_{vL} \, dt \qquad (8.92)$$

Beim Anlassen, Bremsen und Reversieren gilt stets

$$\int_{t_1}^{t_2} p_{v0} \, dt \ll \int_{t_1}^{t_2} p_{vL} \, dt \quad , \qquad (8.93)$$

so dass man sich bei der Dimensionierung eines Motors für nichtstationäre Betriebszustände auf die Betrachtung der Stromwärmeverluste (Lastverluste) beschränken kann.

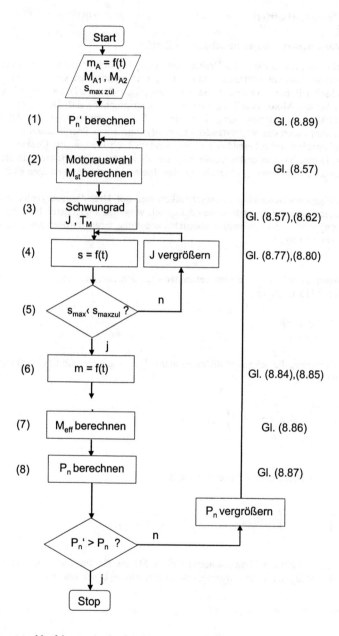

Bild 8.18 Programmablaufplan zur Auslegung eines Schwungradantriebes

8.4.2.2 Berechnung der Verlustenergie für Drehstrom-Asynchronmotoren

Die im Ständer und Läufer eines Drehstrom-Asynchronmotors entstehenden Stromwärmeverluste ergeben die gesamten Lastverluste:

$$p_{vL} = 3 \cdot i_s^2 R_s + 3 \cdot i_r^2 R_r \qquad (8.94)$$

wobei

i_s und i_r \qquad Ständer- bzw. Läuferstrangströme,

R_s und R_r \qquad Wirkwiderstände eines Ständer- bzw. Läuferstranges

Bezieht man die Läufergrößen auf den Ständer (vgl. Abschnitt 3.2.4.2) und vernachlässigt den Magnetisierungsstrom, so gilt

$$i_s = i_r' \qquad (8.95)$$

und

$$p_{vL} = 3 \cdot i_r'^2 R_r' (1 + \frac{R_s}{R_r'}) \qquad (8.96)$$

wobei die elektrische Verlustleistung im Läufer

$$p_{vLr} = 3 \cdot i_r'^2 R_r' \qquad (8.97)$$

ist.

Wie bereits im Abschnitt 3.2.4.2 abgeleitet wurde, lautet die Leistungsbilanz der Asynchronmaschine

$$p_\delta = p_{mech} + p_{vLr} \qquad (8.98)$$

(Da es sich um zeitlich veränderliche Größen handelt, werden hier die Augenblickswerte für die Leistung p, das Drehmoment m und die Winkelgeschwindigkeit ω betrachtet.)

Ferner ist

$$p_{vLr} = m \cdot \Omega_S \cdot s \qquad (8.99)$$

Gleichung (8.99) in Gleichung (8.96) eingesetzt, liefert

$$p_{vL} = (1 + \frac{R_s}{R_r'}) \cdot m \cdot \Omega_S \cdot s \qquad (8.100)$$

Zur Beschreibung der zeitlich veränderlichen mechanischen Vorgänge wird wieder die Bewegungsgleichung (Gleichung (8.55)) herangezogen. Berücksichtigt man außerdem Gleichung (8.75), so wird aus Gleichung (8.100)

$$p_{vL} = (1 + \frac{R_s}{R_r'}) \cdot (m_A \cdot \Omega_S \cdot s - J \cdot \Omega_S^2 \cdot s \cdot \frac{ds}{dt}) \qquad (8.101)$$

Die in der Maschine während eines nichtstationären Vorganges entstehende Stromwärme-Verlustenergie ist

$$Q = \int_{t_1}^{t_2} p_{vL} dt = \int_{t_1}^{t_2} (1 + \frac{R_s}{R_r'}) \cdot (m_A \cdot \Omega_S \cdot s - J \cdot \Omega_S^2 \cdot s \cdot \frac{ds}{dt}) dt \qquad (8.102)$$

Setzt man voraus, dass keine Stromverdrängung im Läufer auftritt (R_r' = konst.), so wird

$$Q = (1 + \frac{R_s}{R_r'}) \cdot \left[\int_{t_1}^{t_2} m_A \cdot \Omega_S \cdot s \cdot dt - J \cdot \Omega_S^2 \int_{s_1}^{s_2} s \cdot ds \right] \qquad (8.103)$$

Das erste Integral in dieser Gleichung ist meistens nicht lösbar, da es das Produkt zweier Zeitfunktionen ($m_A s$) enthält. Deshalb sollen im Folgenden zunächst nur nichtstationäre Vorgänge bei idealem Leerlauf (m_A = 0) betrachtet werden. Der Einfluss des Lastmomentes wird weiter unten untersucht.

Aus Gleichung (8.103) erhält man dann

$$Q = (1 + \frac{R_s}{R_r'}) \cdot \frac{J \cdot \Omega_S^2}{2} \cdot (s_1^2 - s_2^2) \qquad (8.104)$$

s_1 Schlupf zu Beginn des nichtstationären Vorganges
s_2 Schlupf nach Beendigung des nichtstationären Vorganges.

Aus Gleichung (8.104) kann man ablesen, welche Maßnahmen eine Verringerung der Verlustenergie bei nichtstationären Vorgängen bewirken:

1. Das Trägheitsmoment J des Antriebssystems soll möglichst klein sein; deshalb werden Servomotoren und Schaltbetriebsmotoren mit Läufern gebaut, die einen kleinen Durchmesser haben. Eine Verringerung des Trägheitsmomentes kann auch durch Kupplung zweier Motoren halber Leistung an eine gemeinsame Welle erzielt werden.

2. Die synchrone Winkelgeschwindigkeit Ω_S kann zeitweilig herabgesetzt werden (Polumschaltung, Frequenzanlauf).

3. Durch Anwendung geeigneter Bremsverfahren (z.B. Gleichstrombremsung) kann die thermische Beanspruchung des Motors beim Stillsetzen gesenkt werden.

Als Beispiel wird die Verlustenergie für einen Reversiervorgang berechnet. Der Reversiervorgang wird durch Vertauschen zweier Netzzuleitungen mit Gegenstrombremsen (Abschnitt 3.2.4.4) eingeleitet. Unmittelbar auf den Bremsvorgang folgt ein Anlaufvorgang (Bild 8.19). Die Schlupfgrenzen erhält man durch folgende Überlegung:

Unmittelbar nach dem Umschalten bewegen sich Läufer und Drehfeld jeweils mit synchroner Winkelgeschwindigkeit gegeneinander ($s_1 = 2$); nach dem Anlauf in Gegenrichtung bewegt sich der Läufer synchron mit dem Drehfeld (idealer Leerlauf, $s_2 = 0$). Damit wird die beim Reversieren im Motor entstehende Stromwärmeenergie

$$Q_R = 4 \cdot \frac{J \cdot \Omega_S^2}{2} \cdot (1 + \frac{R_s}{R_r'}) \qquad (8.105)$$

Diese Wärmemenge ist beispielsweise das Vierfache der Verlustenergie beim Anlauf.

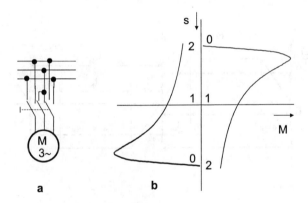

Bild 8.19 Reversieren eines Kurzschlussläufermotors
a) Prinzipschaltung,
b) Schlupf-Drehmoment-Kennlinie

Zur Übung

8.7 Berechnen Sie allgemein die im Motor entstehende Verlustenergie für folgende Betriebsfälle:
a) Anlauf, b) Gegenstrombremsen, c) Gleichstrombremsen

Zeichnen Sie die zugehörigen Prinzipschaltungen sowie die Schlupf-Drehmoment-Kennlinien!

8.4.2.3 Bestimmung der zulässigen Schalthäufigkeit eines Motors für Bemessungs-Dauerbetrieb (S1)

Infolge der hohen Verlustenergie beim Reversiervorgang wird der Motor nach einer endlichen Anzahl von Umschaltungen (Reversiervorgängen) in einer vorgegebenen Zeit seine zulässige Grenztemperatur erreichen. Die Anzahl der Reversiervorgänge in einer Stunde, die den Motor auf seine zulässige Grenztemperatur erwärmt, ist die *zulässige Schalthäufigkeit*. Dabei ist unter einem Reversiervorgang die unmittelbare Aufeinanderfolge eines Brems- und eines Anlaufvorganges zu verstehen, ohne dass der Motor im Stillstand verharrt. Darüber hinaus bezeichnet man die Anzahl der pro Stunde zulässigen Reversiervorgänge, bei der der Motor gerade die zulässige Grenztemperatur erreicht, als *Leerschalthäufigkeit z_0* , wenn der Motor unbelastet ist und keine zusätzlichen Schwungmassen angekuppelt sind.

Die zulässige Schalthäufigkeit z soll unter folgenden Voraussetzungen bestimmt werden:

1. Die elektrischen Ausgleichsvorgänge werden vernachlässigt.

2. Die Leerlaufverluste werden als konstant, d.h. drehzahlunabhängig, betrachtet.

3. Das Wärmeabgabevermögen des Motors sei konstant.

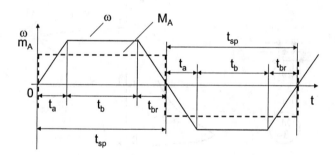

Bild 8.20 Reversierbetrieb

Die während eines vorgegebenen Belastungsspieles (Bild 8.20) mit der Anlaufzeit t_a, der Betriebszeit mit konstanter Drehzahl t_b und der Bremszeit t_{br} auftretende Verlustenergie soll genau der zulässigen Verlustenergie des Motors entsprechen. Für einen Motor für Bemessungs-Dauerbetrieb S1 gilt, dass die zulässigen Lastverluste gleich den Bemessungslastverlusten sind, die entstehen, wenn der Motor mit seiner Bemessungsleistung betrieben wird:

$$Q_n = Q_{zul} \tag{8.106}$$

$$P_{v0} \cdot t_{sp} + Q_a + Q_g + P_{vL} \cdot t_{sp} = P_{v0} \cdot t_{sp} + P_{vLn} \cdot t_{sp} \tag{8.107}$$

Hierbei bedeuten Q_a und Q_g die Stromwärmemengen beim Anlauf und beim Gegenstrombremsen. Beide Energieanteile werden als konstant angenommen.

Es gilt:

$$Q_a + Q_g = Q_R \tag{8.108}$$

mit

$$Q_R = 4 \frac{J \cdot \Omega_S^2}{2}(1 + \frac{R_s}{R_r^{'}}) \tag{8.109}$$

wobei J das *gesamte* an der Motorwelle wirksame Trägheitsmoment darstellt.

Die Lastverluste ergeben sich aus den Lastverlusten bei Bemessungsbetrieb P_{vLn} und dem Belastungsmoment M_A:

$$P_{vL} = P_{vLn} \cdot \left(\frac{M_A}{M_n}\right)^2 \tag{8.110}$$

Die Lastverluste bei Bemessungsbetrieb werden aus der Bemessungsleistung und dem Bemessungswirkungsgrad errechnet:

$$\eta_n = \frac{P_n}{P_n + P_{v0} + P_{vLn}} \tag{8.111}$$

oder

$$P_{vLn} = P_n \cdot \frac{\frac{1}{\eta_n} - 1}{1 + \frac{P_{v0}}{P_{vLn}}} \tag{8.112}$$

Das Verlustverhältnis P_{v0}/P_{vLn} kann in den meisten Fällen den Motorlisten mit den Herstellerdaten entnommen werden. Mit den soeben hergeleiteten Beziehungen ergibt sich aus Gleichung (8.107)

$$z = \frac{1}{t_{sp}} = \frac{P_{vLn}}{Q_R} \cdot \left[1 - \left(\frac{M_A}{M_n}\right)^2\right] \tag{8.113}$$

Führt man als Leerschalthäufigkeit den Ausdruck

$$z_0 = \frac{P_{vLn}}{Q_r} \tag{8.114}$$

ein, wobei

$$Q_r = 4 \frac{J_M \cdot \Omega_S^2}{2}(1 + \frac{R_s}{R_r^{'}}) \tag{8.115}$$

die Wärmemenge darstellt, die bei einem Reversiervorgang entsteht, bei dem nur das *Motorträgheitsmoment* wirksam ist, so wird aus Gleichung (8.113)

$$z = z_0 \cdot \frac{J_M}{J} \cdot \left[1 - \left(\frac{M_A}{M_n} \right)^2 \right] \qquad (8.116)$$

Die zulässige Schalthäufigkeit z des Motors wird demnach durch das Trägheitsmoment der Arbeitsmaschine (in J enthalten) und die stationäre Belastung M_A gegenüber der Leerschalthäufigkeit herabgesetzt. Das führt dazu, dass Motoren für Dauerbetrieb (S1) nur mit sehr kleinen Schalthäufigkeiten betrieben werden können. Bei Betrieb mit Bemessungslast ($M_A = M_n$) wird die zulässige Schalthäufigkeit für diese Motoren sogar Null.

8.4.2.4 Einfluss des Lastmomentes auf die Erwärmung des Motors beim Anlauf und beim Bremsen

Für vereinfachende Annahmen kann die Auswirkung einer Reibungslast auf die Erwärmung der Maschine beim Anlauf untersucht werden. Die Betrachtungen gelten auch für den Bremsvorgang in analoger Weise. Das Lastmoment sei M_A = konst., und die Motorkennlinie soll gemäß Bild 8.21 durch zwei Geraden angenähert werden, so dass für den Anlaufvorgang gilt:

$$m = M_a = \text{konst.} \qquad (8.117)$$

Mit der Bewegungsgleichung (Gleichung (8.55)) und nach Einführung des Schlupfes entsprechend Gleichung (8.59) erhält man

$$M_a = M_A - J \cdot \Omega_S \cdot \frac{ds}{dt} \qquad (8.118)$$

Daraus ergibt sich

$$dt = -\frac{J \cdot \Omega_S \cdot ds}{M_a - M_A} \qquad (8.119)$$

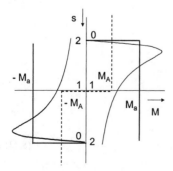

Bild 8.21
Vereinfachte Schlupf-Drehmoment-Kennlinie

Damit wird aus Gleichung (8.103)

$$Q_{La} = (1 + \frac{R_s}{R_r'}) \cdot \left[-\frac{J \cdot \Omega_S^2 \cdot M_A}{M_a - M_A} \int_{s_1}^{s_2} s \cdot ds + \frac{J \cdot \Omega_S^2}{2} \cdot (s_1^2 - s_2^2) \right] \tag{8.120}$$

Die Integrationsgrenzen für den Anlauf sind wieder

$s_1 = 1$ und

$s_2 = 0$

so dass man für die Wärmemenge bei Lastanlauf erhält

$$Q_{La} = (1 + \frac{R_s}{R_r'}) \cdot \frac{J \cdot \Omega_S^2}{2} \cdot \frac{1}{1 - \frac{M_A}{M_a}} \tag{8.121}$$

Die thermische Belastung beim Gegenstrombremsen lässt sich auf gleiche Weise berechnen. Man erkennt aus Bild 8.21, dass für diesen Betriebsfall das Motormoment m negativ ($m = -M_a$) und das Widerstandsmoment M_A positiv sind. Damit erhält man analog zu Gleichung (8.119)

$$dt = \frac{J \cdot \Omega_S \cdot ds}{M_a + M_A} \tag{8.122}$$

Die Integrationsgrenzen in Gleichung (8.103) sind jetzt

$s_1 = 2$ und

$s_2 = 1$

so dass sich ergibt

$$Q_{Lg} = (1 + \frac{R_s}{R_r'}) \cdot \frac{J \cdot \Omega_S^2}{2} \cdot \frac{3}{1 + \frac{M_A}{M_a}} \tag{8.123}$$

8.4.2.5 Dimensionierung des Motors

Zur Erleichterung der Projektierung soll Gleichung (8.116) erweitert und neu formuliert werden:

$$z = z_0 \cdot \frac{1}{FI} \cdot f_B \cdot f_S \tag{8.124}$$

Hierbei bedeuten:

Trägheitsmomentfaktor

$$FI = \frac{J}{J_M} \tag{8.125}$$

Belastungsfaktor (stationär)

$$f_B = 1 - \left(\frac{M_A}{M_n}\right)^2 \tag{8.126}$$

Belastungsfaktor (Schaltbetrieb)

$$f_S = \frac{Q_r}{Q_{La} + Q_{Lg}} \tag{8.127}$$

Der Faktor f_S berücksichtigt die Veränderung der Verlustenergie beim Reversieren der belasteten Maschine (Index L) gegenüber der leerlaufenden Maschine, wenn in beiden Fällen nur
das Motorträgheitsmoment J_M wirkt. Der Motor ist dann thermisch richtig dimensioniert, wenn
die zulässige Schalthäufigkeit z größer oder gleich der technologisch geforderten Schalthäufigkeit z_t ist:

$$z_t / h^{-1} = \frac{1}{t_{sp} / h} \tag{8.128}$$

Der gesamte Berechnungsgang ist im Ablaufplan, Bild 8.22, zusammengefasst.

Zur Selbstkontrolle

-       Was versteht man unter der Leerschalthäufigkeit eines Motors?

-       Wie beeinflussen das Belastungsmoment und das Trägheitsmoment der Arbeitsma-
        schine die zulässige Schalthäufigkeit eines Motors?

Zur Übung

8.8   Berechnen Sie den Faktor f_S für einen Motor im Reversierbetrieb mit $J = J_M$, für den
        folgende Belastungen gelten:

        $M_A/M_a = $ 0; 0,125; 0,25; 0,33; 0,5; 0,67; 0,75; 1.

        Bei welchem Wert für M_A/M_a ergibt sich das Maximum für f_S?

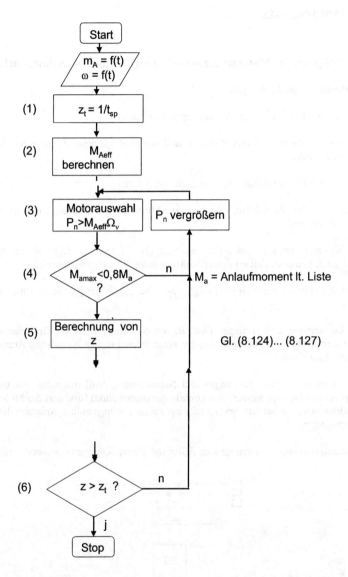

Bild 8.22   Programmablaufplan zur Auslegung eines Motors für Reversierbetrieb entsprechend Betriebsart S7

8.5 Motorschutz

8.5.1 Aufgaben des Motorschutzes und Anforderungen an Schutzeinrichtungen

Der Motorschutz hat die Aufgabe:

1. den Motor vor thermischen Überlastungen zu schützen,

2. bei Kurzschlüssen im Motor diesen schnell vom Netz zu trennen, um andere Verbraucher nicht zu stören,

3. den Betrieb bei zu niedriger Spannung zu verhindern.

Um diese Aufgaben zu erfüllen, müssen an die Motorschutzeinrichtung folgende Anforderungen gestellt werden:

1. bei lang andauernden kleinen Überlastungen ($M = 1,05 \ldots 1,5 \, M_n$) muss die Abschaltung nach einer gewissen Zeit erfolgen (Größenordnung: Minuten bis Stunden),

2. bei Kurzschlüssen muss eine sofortige Abschaltung erfolgen (Größenordnung: Millisekunden),

3. bei kurzzeitigen Überlastungen (Anlauf, Stoßbelastung, Bremsen, Reversieren) darf die Schutzeinrichtung nicht ansprechen, um einen störungsfreien Betrieb des Antriebes zu gewährleisten.

4. bei zu niedrigen Netzspannungen und Netzspannung Null muss die Schutzeinrichtung ansprechen (das Kippmoment von Drehstrommotoren sinkt) bzw. darf der Motor nicht einschaltbar sein, um bei wiederkehrender Spannung ein ungewolltes Anlaufen des Antriebes zu verhindern.

Die Schutzeinrichtung ist in den meisten Fällen mit einem Schaltgerät gekoppelt (Bild 8.23).

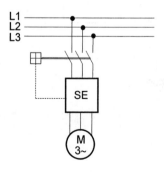

Bild 8.23 Motorschutz

8.5.2. Motorschutzgeräte

Als Motorschutzgeräte stehen Schmelzsicherungen, Bimetallauslöser bzw. -relais und magneti-sche Auslöser zur Verfügung. Außerdem werden Einrichtungen zur direkten Erfassung der Wicklungstemperatur eingesetzt.

Die Wirkungsweise der Schutzeinrichtungen kann man durch Strom-Zeit-Kennlinien charakte-risieren (Bild 8.24). In diesem Bild bedeuten t_A die Auslösezeit und I_{Sn} der Bemessungsstrom der Schutzeinrichtung.

a) Schmelzsicherungen (Bild 8.25)

Sie werden bis 600 A eingesetzt, garantieren aber keine dreipolige Abschaltung. Auf Grund fertigungsbedingter Toleranzen besteht keine eindeutige Zuordnung zwischen Auslösezeit und Strom (Streubereich). Die Kennlinien können nur konstruktiv beeinflusst werden (träge, flinke und überflinke Sicherungen). Träge Sicherungen müssen bei Belastung mit $(1{,}6 \ldots 2{,}1)I_{Sn}$ in-nerhalb von 1 bis 2 Stunden abschmelzen. Aus dem Verlauf der Strom-Zeit-Kennlinie geht hervor, dass derartige Sicherungen als *Kurzschlussschutz* geeignet sind.

Sie bieten keinen Schutz im Bereich kleiner Überlastungen.

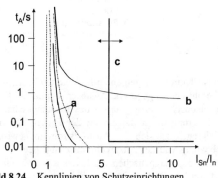

Bild 8.24 Kennlinien von Schutzeinrichtungen
           a: Schmelzsicherung
           b: Bimetallauslöser
           c: magnetischer Auslöser

Bild 8.25 Schmelzsicherung
           (Schaltzeichen)

b) Bimetallauslöser (Bild 8.26)

Ein einseitig eingespannter Bimetallstreifen wird direkt oder indirekt über eine Heizwicklung durch den zu messenden Strom erwärmt. Dadurch verbiegt sich das Bimetall und löst bei-spielsweise die mechanische Verklinkung eines Leistungsschalters. Als Bimetallrelais unter-bricht es den Strom durch die Spule eines Schaltschützes.

Der Erwärmungsvorgang des Bimetalls benötigt eine bestimmte Zeit (thermische Zeitkonstante ca. 1 Minute).

Deshalb sind solche Geräte als Kurzschlussschutz ungeeignet. Sie sind aber in der Lage, den Motor vor *lang andauernden kleineren Überlastungen* zu schützen.

Die Auslösezeiten sind:

1,05 I_{Sn} $t_A > 2$ h

1,2 I_{Sn} $t_A < 2$ h

1,5 I_{Sn} $t_A < 2$ min.

Schwierigkeiten können sich wegen der unterschiedlichen thermischen Zeitkonstanten von Bimetall und Motor bei der Bemessung des Schutzes für periodisch wechselnde Belastungen ergeben.

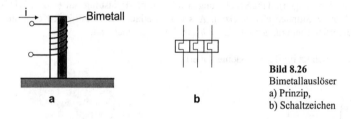

Bild 8.26
Bimetallauslöser
a) Prinzip,
b) Schaltzeichen

c) magnetischer Auslöser (Bild 8.27)

Überschreitet der Strom durch die Spule eines Elektromagneten einen bestimmten Wert, wird der Anker angezogen. Auf diesem Prinzip beruht der magnetische Auslöser. Durch die Kraft des Elektromagneten kann wiederum die mechanische Verriegelung eines Leistungsschalters geöffnet werden. Durch entsprechende Veränderung der Vorspannung der Federn, die den beweglichen Anker in der Ruhestellung fixieren, lässt sich der Auslösestrom in gewissen Grenzen einstellen. Die Auslösezeit ist unabhängig von der Ansprechgrenze und liegt in der Größenordnung von Millisekunden. Die Spule des magnetischen Auslösers kann als Überstrom- oder Unterspannungsspule ausgeführt werden. Deshalb ist diese Schutzeinrichtung als *Kurzschluss-* oder *Unterspannungsschutz* geeignet.

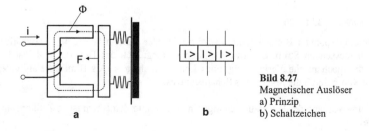

Bild 8.27
Magnetischer Auslöser
a) Prinzip
b) Schaltzeichen

d) Temperaturfühler

Bei großen Maschinen ist es aus Kostengründen notwendig, einen höheren Aufwand für den thermischen Schutz dieser Maschinen zu treiben. Um Isolationsschäden zu vermeiden, muss die Wicklungstemperatur unmittelbar gemessen werden. Dazu dienen:

Thermistoren

Diese Halbleiterfühler werden unmittelbar an kritischen Punkten der Wicklung angebracht. Die thermische Zeitkonstante dieser Messeinrichtung liegt im Bereich von 5 bis 10 s. Bei Niederspannungsmotoren werden Thermistoren in allen drei Wicklungssträngen untergebracht und zur Auswertung des Messsignals in Reihe geschaltet.

Widerstandsthermometer

Hierbei handelt es sich um Sonden, die im Prinzip aus einer Widerstandsdrahtwicklung ($R \approx 100 \ \Omega$) bestehen. Sie werden zwischen der Ober- und der Unterschicht der Ständerwicklung in den Nuten untergebracht. Widerstandsthermometer sind auch bei Hochspannungsmaschinen einsetzbar. Wegen des Wärmeübergangswiderstandes der Wicklungsisolation beträgt die thermische Zeitkonstante dieser Messeinrichtung etwa 1 Minute.

8.5.3 Bemessung der Schutzeinrichtungen

Die Bemessung der Schutzeinrichtungen soll an Hand von Strom-Zeit-Kennlinien (Bild 8.28) erläutert werden. In dieses Diagramm ist neben den Auslösekennlinien der verschiedenen Schutzeinrichtungen die Strom-Zeit-Kennlinie für den Anlauf eines Drehstromasynchronmotors eingetragen. Man erkennt, dass die Kennlinie einer Schmelzsicherung mit $I_{Sn} = I_n$ ($I_n = $ Motorbemessungsstrom) die Motorkennlinie schneidet, d.h., beim Anlaufvorgang spricht die Sicherung an. Damit dies vermieden wird, müssen die Schmelzsicherungen als Kurzschlussschutz für den 3- bis 4-fachen Motorbemessungsstrom ausgelegt werden. Den Schutz gegen thermische Überlastungen übernimmt ein Bimetallauslöser.

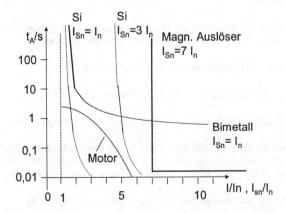

Bild 8.28 Strom-Zeit-Kennlinien von Schutzeinrichtungen und Motor

Ein vollständiger Motorschutz wird also nur durch die *Kombination von Sicherung und Bimetallauslöser* erreicht. Eine andere Möglichkeit besteht in der *Kombination eines Bimetall- und eines magnetischen Auslösers*. Der magnetische Auslöser wird auf den 6- bis 10-fachen Motorbemessungsstrom eingestellt. Eine konstruktive Vereinigung der beiden Auslöser sind *Motorschutzschalter* (bis $I_n = 25$ A).

Bild 8.29 zeigt einen dreipoligen Schalter mit Schaltschloss, mit drei thermischen und drei magnetischen Überstromauslösern und einem Unterspannungsauslöser.

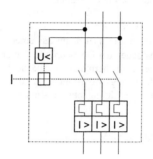

Bild 8.29 Motorschutzschalter

8.5.4 Schaltgeräte

Schaltgeräte werden durch das Schaltvermögen, den Bemessungsstrom und die Gerätelebensdauer gekennzeichnet.

Das *Schaltvermögen* ist der Strom, der bei Bemessungsspannung sicher abgeschaltet werden kann. Hinsichtlich des Schaltvermögens ist zu unterscheiden zwischen:

-      Leerschaltern (Trennschaltern): stromloses Schalten,

-      Lastschaltern: Abschalten des doppelten Bemessungsstromes,

-      Motorschaltern: Abschalten des 6- bis 8-fachen Bemessungsstromes.

Der *Bemessungsstrom* des Schaltgerätes ist der Strom, den die Kontakte des Schalters im eingeschalteten Zustand beliebig lang führen können, ohne dass eine zu starke Erwärmung der Schaltstücke (Gefahr des Fließens bzw. Verschweißens des Materials) auftritt.

Für die *Gerätelebensdauer* werden fünf Klassen angegeben (Tabelle 8.3):

Tabelle 8.3 Klassen der Gerätelebensdauer

Geräteklasse	A	B	C	D	E
Lebensdauer	10^3	10^4	10^5	10^6	10^7 Schaltungen

8.5.5 Zusammenfassung

Motorschutzeinrichtungen haben die Aufgabe, den Motor bei thermischen Überlastungen, bei Kurzschlüssen und bei Unterspannung vom Netz zu trennen. Bei kurzzeitigen Überlastungen, z.B. bei Stoßbelastungen Anlauf, Bremsen und Drehrichtungsumkehr, darf die Schutzeinrichtung nicht ansprechen. Diese Anforderungen sind nur durch die Kombination mehrerer Geräte zu erfüllen, wie z.B. Schmelzsicherung und Bimetallauslöser oder magnetischer Auslöser und Bimetallauslöser.

Zur Selbstkontrolle

-   Nennen Sie die wichtigsten Motorschutzeinrichtungen, ihre Aufgaben und ihre Ansprechzeiten!

Lösungen

Aufgabe 2.1:

Grundlage der Lösung ist die Bewegungsgleichung (Gleichung (2.11)).

a)
$$t_a = J \int_0^{\Omega_0} \frac{d\omega}{2M_n - M_A} = \frac{\Omega_0}{2M_n - M_A}$$

$$\omega = \frac{1}{J} \int (2M_n - M_A) dt$$

$$\omega = \frac{2M_n - M_A}{J} \cdot t$$

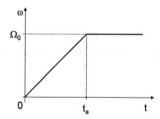

Bild 9.1 Zeitfunktion der Winkelgeschwindigkeit

b) Freier Auslauf bedeutet $M = 0$:

$$t_{br} = J \int_{\Omega_0}^{0} \frac{d\omega}{-M_A} = \frac{J \cdot \Omega_0}{M_A}$$

Aufgabe 2.2:

Beide Arbeitspunkte sind stabil, da Gleichung (2.38) für beide Punkte erfüllt ist; d.h., bei einer geringfügigen Drehzahlerhöhung aus dem stationären Arbeitspunkt wird $m_A > m$. Auf Grund der Bewegungsgleichung muss dann aber $d\omega/dt < 0$, d.h., das System wird verzögert.

Umgekehrt wird bei einer geringfügigen Drehzahlabsenkung aus dem Arbeitspunkt $m > m_A$ bzw. $d\omega/dt > 0$, d.h., das System wird beschleunigt.

Aufgabe 3.1:

Das Schaltverhältnis ist

$$\lambda = \frac{I_2}{I_1} = \frac{70A}{35A} = 2 .$$

Nach Gleichung (3.28) muss der Gesamtwiderstand

$$R_k = \frac{U}{I_2} = \frac{440V}{70A} = 6,3\Omega$$

werden.

Dann lässt sich aus Gleichung (3.33) die Stufenzahl des Anlassers bestimmen:

$$k = \frac{\lg\left(\dfrac{R_k}{R_A}\right)}{\lg\lambda} = \frac{\lg\left(\dfrac{6,3\Omega}{0,2\Omega}\right)}{\lg 2} \approx 5$$

Die Widerstandswerte der einzelnen Stufen sind

$$R_5{}' = R_5 - R_A = 6,3\ \Omega - 0,2\ \Omega = 6,1\ \Omega,$$

$$R_4{}' = R_5/\lambda - R_A = 6,3\ \Omega/2 - 0,2\ \Omega = 2,95\ \Omega,$$

$$R_3{}' = R_4/\lambda - R_A = 3,15\ \Omega/2 - 0,2\ \Omega = 1,38\ \Omega,$$

$$R_2{}' = R_3/\lambda - R_A = 1,58\ \Omega/2 - 0,2\ \Omega = 0,59\ \Omega,$$

$$R_1{}' = R_2/\lambda - R_A = 0,79\ \Omega/2 - 0,2\ \Omega = 0,195\ \Omega.$$

Aufgabe 5.1:

a) $\quad U_{di\alpha} = U_{di0} \cdot \cos\alpha$

$$U_{di0} = \frac{6 \cdot \sqrt{2}}{\pi} \cdot U_N \cdot \sin\frac{\pi}{3} = 2,34 \cdot U_N = 2,34 \cdot \frac{400\,V}{\sqrt{3}} = 540\,V$$

α	0^0	60^0	90^0
$U_{di\alpha}$	540 V	270 V	0

b) $U_{d\alpha max} = U_{di0} - (R_{ers1} + R_{ers2} + R_d) \cdot I_{dn}$

$= 540\,\text{V} - 3\,\text{V} - 80\,\text{m}\Omega \cdot 500\,\text{A} = 497\,\text{V}$

Aufgabe 8.1:

$$\Theta_e = \frac{P_v}{A} = \frac{884\,\text{W}}{11,1\,\text{W/K}} = 79,5\,\text{K}$$

$$T = \frac{C}{A} = \frac{23,1\,\text{kWs/K}}{11,1\,\text{W/K}} = 2085\,\text{s} = 34,8\,\text{min}$$

d.h., Θ_e wird ungefähr nach 104 Minuten erreicht. Der zeitliche Temperaturverlauf ist im Bild 8.1 dargestellt.

Aufgabe 8.2:

a) Ununterbrochener periodischer Betrieb mit Aussetzbelastung, Betriebsart S6.

b) Für das linear ansteigende Moment während t_{b1} gilt folgende Zeitfunktion:

$$m_1 = M_{A1} \cdot \frac{t}{t_{b1}}$$

Die Intervalle t_{p1} und t_{p2} ergeben keinen Anteil zum Effektivmoment ($m_A = 0$).

$$M_{Aeff} = \sqrt{\frac{1}{t_{b1} + t_{p1} + t_{b2} + t_{p2}} \left(\int_0^{t_{b1}} M_{A1}^2 \cdot \frac{t^2}{t_{b1}^2}\,dt + \int_0^{t_{b2}} M_{A2}^2\,dt \right)}$$

$$= \sqrt{\frac{1}{t_{b1} + t_{p1} + t_{b2} + t_{p2}} \left(\frac{M_{A1}^2}{3} \cdot t_{b1} + M_{A2}^2 \cdot t_{b2} \right)}$$

c) $M_k \geq \dfrac{M_{A1}}{0,8}$

Aufgabe 8.3:

Bei dem gegebenen Lastspiel handelt es sich um einen Aussetzbetrieb (Betriebsart S3). Die Summe der Pausenzeiten beträgt 230 s, die Summe der Belastungszeiten 230 s. Die reduzierte Pausenzeit ist entsprechend Gleichung (8.28)

$$t_p' = 230 \text{ s} \cdot 0,6 = 138 \text{ s},$$

so dass sich als reduzierte Spielzeit

$$t_{sp}' = 368 \text{ s}$$

ergeben.

Es liegt ein unstetiger Momentverlauf vor. Deshalb muss bei der Berechnung des Effektivmomentes nach Gleichung (8.30) abschnittsweise integriert werden. Während der Pausenintervalle t_{pi} ist kein Moment vorhanden. Damit liefern diese Intervalle keinen Anteil zum Effektivmoment. Während der Belastungszeiten t_{bi} ist das Moment konstant. Die Integration kann daher durch eine Summation ersetzt werden:

$$M_{Aeff} = \sqrt{\frac{1}{t_{sp}'} \sum_{i=1}^{3} M_{Ai}^2 \cdot t_{bi}}$$

$$= \sqrt{\frac{1}{368\text{s}} \left(50^2 \cdot 60 + 35^2 \cdot 115 + 82^2 \cdot 55\right) \text{N}^2\text{m}^2\text{s}} \qquad = 42,4 \text{ Nm}$$

Aufgabe 8.4:

Es ist

$$P_k = M_{Aeff}\Omega_n .$$

Da eine konstante Belastung vorliegt, ist

$$M_A = M_{Aeff},$$

d.h. $P_k = 0,105 \cdot 240 \cdot 1435 \text{ W} = 36,2 \text{ kW} ,$

$$q = \frac{1}{1-e^{-\frac{t_B}{T}}} = \frac{1}{1-e^{-\frac{65\text{ min}}{50\text{ min}}}} = 1,38 \quad .$$

Damit ergibt sich:

$$P_n = \frac{P_k}{\sqrt{q \cdot (1 + \frac{k_1}{k_2}) - \frac{k_1}{k_2}}} = \frac{36{,}2\,\text{kW}}{\sqrt{1{,}38 \cdot 1{,}65 - 0{,}65}} = 28{,}3\,\text{kW}$$

Die Überlastung $\ddot{u} \approx \dfrac{P_k}{P_n} = 1{,}28$ ist zulässig.

Aufgabe 8.5:

Die tatsächliche Einschaltdauer ist

$$ED_t = \frac{70\,\text{s}}{230\,\text{s}} = 30{,}2\,\% \ .$$

Es muss auf die nächstliegende genormte Einschaltdauer umgerechnet werden:

$$ED_n = 25\,\% \ .$$

Das Effektivmoment bei der tatsächlichen Einschaltdauer ist

$$(M_{Aeff})_{S3} = \sqrt{\frac{1}{70\,\text{s}}\left(1150^2 \cdot 30 + 375^2 \cdot 40\right)\text{N}^2\text{m}^2\text{s}} \qquad = 804\,\text{Nm}$$

Bezogen auf die genormte Einschaltdauer ergibt sich

$$(M_{Aeff})_{S3n} = 804\,\text{Nm} \cdot \sqrt{\frac{30{,}2\,\%}{25\,\%}} = 883\,\text{Nm} \qquad\qquad \text{bei } ED_n = 25\,\%.$$

Aufgabe 8.6:

Das Effektivmoment ist nach Gleichung (8.86)

$$M_{eff}^2 \cdot t_{sp} = \int_0^{t_b} m_b^2\, dt + \int_0^{t_l} m_l^2\, dt \ .$$

$$M_{eff}^2 \cdot t_{sp} = M_{A1}^2 \cdot t_b + 2T_M M_{A1}(M_{min} - M_{A1})^2\left(1 - e^{-\frac{t_b}{T_M}}\right) + \frac{T_M}{2}(M_{min} - M_{A1})\left(1 - e^{-\frac{2t_b}{T_M}}\right)$$

$$+ M_{A2}^2 \cdot t_l + 2T_M M_{A2}(M_{max} - M_{A2})\left(1 - e^{-\frac{t_l}{T_M}}\right) + \frac{T_M}{2}(M_{max} - M_{A2})^2\left(1 - e^{-\frac{2t_l}{T_M}}\right)$$

Aufgabe 8.7:

a) Anlauf: Es gilt $s_1 = 1$; $s_2 = 0$ (Bild 8.19). Mit Gleichung (8.104) wird

$$Q_a = \frac{J \cdot \Omega_S^2}{2}\left(1+\frac{R_s}{R_r'}\right)$$

b) Gegenstrombremsen: Es gilt $s_1 = 2$; $s_2 = 1$ (Bild 8.19). Damit ergibt sich

$$Q_g = \frac{3 \cdot J \cdot \Omega_S^2}{2}\left(1+\frac{R_s}{R_r'}\right) = 3 \cdot Qa$$

c) Gleichstrombremsen: Es gilt $s_1 = 1$; $s_2 = 0$ (Bild 3.47). Damit wird

$$Q_{gl} = \frac{J \cdot \Omega_S^2}{2}\left(1+\frac{R_s}{R_r'}\right) = Q_a$$

Aufgabe 8.8:

Aus Gleichungen (8.127) mit den Gleichungen (8.115), (8.121) und (8.123) ergibt sich

M_A/M_a	0	0,125	0,25	0,33	0,5	0,66	0,75	1
f_S	1	1,05	1,07	1,06	1	0,83	0,7	0

Das Maximum für f_S ergibt sich für $M_A/M_a = 0,268$ zu $f_S = 1,0717$.

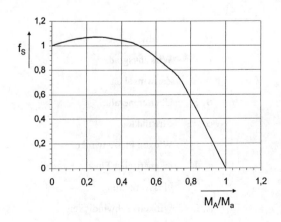

Bild 9.2
Einfluss des Verhältnisses Widerstandsmoment zu Anlaufmoment auf den Belastungsfaktor

Formelzeichen

A	Wärmeabgabevermögen	$\ddot{u}$	Überlastbarkeit,
B	Flussdichte		Übersetzungsverhältnis
C	Kapazität	u, U	Spannung
C	Wärmekapazität	v	Geschwindigkeit
E	elektrische Feldstärke	W	Energie
f	Frequenz	w	Führungsgröße
f, F	Kraft	w	Welligkeit
f_l	Lückfaktor	X	Reaktanz ωL
f_w	Welligkeitsfaktor	x	Weg; Stell-, Regelgröße
g	Größe allgemein	y	Stellgröße
H	magnet. Feldstärke	Z	Scheinwiderstand
i	Übersetzungsverhältnis	z	Störgröße
i, I	Strom	z	Schalthäufigkeit
J	Trägheitsmoment	z_p	Polpaarzahl
k	Koeffizient, Kopplungsfaktor		
L	Induktivität		
l	Länge		
m, M	Drehmoment, Motormoment		
n, N	Drehzahl		
p	Pulszahl	α	Zündwinkel, Drehwinkel
p, P	Leistung	η	Wirkungsgrad
q	Verlustvergrößerungsfaktor	ϑ	Zeitwinkel ωt
Q	Wärmemenge	ϑ, Θ	Übertemperatur
r	Radius		
R	Widerstand	σ	Streufaktor
s	Schlupf	φ	Winkel, Phasenwinkel
t	Zeit	φ, Φ	magnetischer Fluss
T	Zeitkonstante, Abtastzeit,	ψ, Ψ	Flussverkettung
	Periodendauer	ω, Ω	Winkelgeschwindigkeit

Indizes

A	Anker-, Arbeitsmaschine-, Aulöse-
a	Anlauf-
b	Belastungszeit
B	Betriebszeit
br	Brems-
D	Diode-
d	Gleichgröße
di	Gleichgröße ideell
e	End-
E	Erreger-
eff	Effektivwert
el	elektrisch
g	Gleichstrom-
h	Haupt-
i	induziert
k	Kipp-
kr	Kreisstrom-
L	Last-
l	Leerlaufzeit
L	Leiter-
l	Lück-
M	Motor-, mechanisch
n	Bemessung-, Nenn-
N	Netz-
p	Pausenzeit
p	Pol-, Polrad-, Pendel-
R	Reibung-

r	Läufer-
s	Ständer-
S	Synchron-, Schritt-
sp	Spielzeit
st	Stillstand-, stationärer Arbeitspunkt, Steuer-
T	Transistor-
$ü$	Übertragung-, Getriebe-
v	Verlust-, Vor-
z, zus	Zusatz-

α	bei Zündwinkel α
δ	Luftspalt-
ν	ν-te Harmonische
σ	Streuung

0	Leerlauf-, induziert
1	Grundschwingung, Primär-
2	Sekundär-

Kleine Buchstaben bezeichnen Momentanwerte, *große Buchstaben* stationäre Größen, wenn nicht anders vermerkt. *Zeiger* (zeitlich bzw. räumlich komplexe Größen) sind durch *fette* Symbole gekennzeichnet.

Literaturverzeichnis

Die hier aufgeführten Bücher sollen gegebenenfalls zur Vertiefung der Kenntnisse auf dem einen oder anderen Teilgebiet der elektrischen Antriebstechnik dienen.

[1]   Fischer, R. *Elektrische Maschinen* 8. Aufl. München, Wien: Carl Hanser Verlag, 1992

[2]   Heumann, K. *Grundlagen der Leistungselektronik* 5., bearb. Aufl. Stuttgart: B. G. Teubner, 1991

[3]   Kallenbach, E., Bögelsack, G. *Gerätetechnische Antriebe* 1. Aufl. München, Wien: Carl Hanser Verlag, 1991

[4]   Linse, H. *Elektrotechnik für Maschinenbauer* 9. Aufl. Stuttgart: B. G. Teubner, 1992

[5]   Michel, M. *Leistungselektronik* 1. Aufl. Berlin, Heidelberg u.a.: Springer, 1992

[6]   Möltgen, G. *Netzgeführte Stromrichter mit Thyristoren* 3. Aufl. Berlin, München: Siemens AG, 1974

[7]   Müller, G. *Elektrische Maschinen – Betriebsverhalten rotierender elektrischer Maschinen* 2. Aufl. Berlin, München: Verlag Technik, 1990

[8]   Richter, Ch. *Servoantriebe kleiner Leistung* 1. Aufl. Weinheim, Basel: VCH, 1993

[9]   Roseburg, D. *Elektrische Maschinen und Antriebe* 1. Aufl. München, Wien: Fachbuchverlag Leipzig im Carl Hanser Verl., 1999

[10]   Schönfeld, R. *Elektrische Antriebe – Bewegungsanalyse, Drehmomentsteuerung, Bewegungssteuerung* 1. Aufl. Berlin, Heidelberg u.a.: Springer, 1995

[11]   Schönfeld, R., Habiger, E. *Automatisierte Elektroantriebe* 3. Aufl. Berlin, München: Verlag Technik, 1990

[12]   Schröder, D. *Elektrische Antriebe 1 – Grundlagen* 1. Aufl. Berlin, Heidelberg u.a.: Springer, 1994

[13]   Seefried, E., Müller, G. *Frequenzgesteuerte Drehstrom-Asynchronantriebe – Betriebsverhalten und Entwurf* 2., bearb. Aufl. Berlin, München: Verlag Technik, 1992

[14]   Seinsch, O. *Grundlagen elektrischer Maschinen und Antriebe* 3., neubearb. u. erw. Auflage Stuttgart: B. G. Teubner,1993

[15]   Vogel, J. u.a. *Elektrische Antriebstechnik* 6., bearb. Aufl. Heidelberg: Hüthig, 1998

Sachwortverzeichnis